人人学茶

白茶故里
方家山

主编—郑延芳 雷顺号

旅游教育出版社
·北京·

U0175565

策　　划：赖春梅
责任编辑：贾东丽

图书在版编目(CIP)数据

白茶故里方家山 / 郑延芳，雷顺号主编. --北京：
旅游教育出版社，2020.7
　（人人学茶）
　ISBN 978-7-5637-4114-4

Ⅰ．①白… Ⅱ．①郑… ②雷… Ⅲ．①茶文化—福鼎
Ⅳ．①TS971.2

中国版本图书馆CIP数据核字(2020)第099693号

人人学茶
白茶故里方家山
郑延芳　雷顺号　◎主编

出版单位	旅游教育出版社
地　　址	北京市朝阳区定福庄南里1号
邮　　编	100024
发行电话	(010)65778403　65728372　65767462(传真)
本社网址	www.tepcb.com
E—mail	tepfx@163.com
排版单位	北京卡古鸟艺术设计有限责任公司
印刷单位	天津雅泽印刷有限公司
经销单位	新华书店
开　　本	710毫米×1000毫米　1/16
印　　张	20
字　　数	216千字
版　　次	2020年7月第1版
印　　次	2020年7月第1次印刷
定　　价	78.00元

（图书如有装订差错请与发行部联系）

世人皆知，茶是国饮，茶文化乃中华国粹。

茶系民生，有和谐发展之气象；茶是君子，有儒雅君子之风范；茶是益友，有开放包容之胸怀。茶界泰斗张天福先生提倡的以"俭、清、和、静"为内涵的中国茶礼，包含了中华民族修身养性、治国平天下的文化精髓。俭，就是勤俭朴素；清，就是清正廉明；和，就是和衷共济；静，就是宁静致远。可以说，几千年的中华茶文化与中华文明一脉相承，博大精深。

世界白茶在中国，中国白茶在福建，福建白茶在福鼎。福鼎作为中国名茶之乡、中国白茶之乡和中华茶文化之乡，产茶历史悠久，茶叶资源丰富，茶文化底蕴深厚。唐代陆羽《茶经·七之事》引隋代《永嘉图经》载："永嘉县东三百里有白茶山。"据陈椽（安徽农业大学教授）《茶业通史》（1984年版）考证认为："永嘉为当时的温州，东三百里是海，应为南三百里之误；南三百里为唐长溪县辖区即今天的福建福鼎。"太姥山即是"白茶山"，方家山在太姥山内。明代陈仲溱《游太姥山记》云："竹间见危峰枕摩霄之下者，为石龙，亦名叠石庵。缁徒颇繁，然皆养蜂卖茶。虽戒律非宜，而僧贫，亦藉以聚众。"叠石庵地处方家山境内，与太姥山紧紧相连。由此可见，太姥境内早在明代以前即有茶市贸易，而且波及面很广。据《太姥山志》（明·谢肇淛纂）载："白箬庵……凡五里许，始至。前后百亩皆茶园。"又《长溪琐语》载："以二月末，游太姥山中，梅花方盛开，时距清明数日耳，石鼓茶已出市，而金峰、白箬莽芽未有发者……环长溪百里诸山，皆产茗。山丁僧俗半衣食焉。"因此，以太姥山为中心的区域范围，是福建白茶文化的发祥地。

一片茶叶撬动一个大产业。对福鼎市而言，茶产业已成为眼下全市三分之二人口的致富门路，更成为乡村产业振兴的支柱产业。目前，福鼎白茶已获得国家地理标志证明商标、中国驰名商标等，也是"中国世博十大名茶""中华历史文化名茶""中国申奥第一茶"，福鼎白茶制作技艺被列入国家级非物质文化遗产名录和中国重要农业文化遗产名录，2019年涉茶产值突破100亿元，成为全面建设小康社会的重要抓手。

我国是一个多民族的国家，畲族是56个民族中的一员，历史上居无定所，四处迁徙，而且大多散居在峰峦重叠的深山，这些地带气候土壤十分适宜茶树生长。加上畲族是一个勤劳且勇于开拓的民族，因此畲民迁徙到哪里，就拓荒到哪里，种茶到哪里，在漫长的栽茶、采茶、制茶、饮茶过程中，逐渐形成和积淀起了独具特色的闽东畲族茶文化和福鼎白茶文化。坐落于太姥山主景区西南麓的方家山畲族村，系全国乡村旅游扶贫重点村和闽东畲族文化生态保护实验区示范点。近年来，依托得天独厚的白茶产业基础和丰富的畲乡人文民俗资源，并借助龙头茶企福建天湖茶业有限公司的白茶种植基地、绿雪芽白茶休闲庄园和方守龙白茶研究基地在区域内的辐射带动效应，村里大力发展白茶产业，至今涉茶人口占90%，涉茶收入占全村收入70%以上。在此基础上，村里推进茶旅融合发展，因地制宜激活畲村文化生态，建设美丽乡村，并通过畲族歌会、白茶文化节，组织厂商、村民走出去推介等活动，使方家山村的畲乡人文民俗、茶园风光和优质白茶产品声名鹊起，被美誉为"白茶故里"。

编写《白茶故里方家山》，目的是通过挖掘白茶故里文化底蕴，力求全面、直观、鲜明、生动综合展示福鼎白茶的生机和活力以及福鼎茶产业持续振兴的光辉历程及焕发异彩的福鼎茶文化，展示具有地方特色的畲族茶文化和福鼎白茶文化，促进境内白茶文化与畲族文化融合，推进方家山脱贫攻坚进程，加快乡村振兴步伐，进一步提升方家山生态白茶基地的知名度和美誉度，更好地打造生态白茶旅游休闲基地。

　　《白茶故里方家山》的可贵之处，在于它把茶与人、品与悟、味与道、文化与传承，有机地融合为一体，让更多喜欢白茶的人，在品赏白茶味道的同时，也能从更深层次去品赏白茶的茶道文化。孔子说："朝闻道，夕死可矣。"茶性与道性、觉性相通，悟茶道也就是觉悟自心。所以说，这本书呈现给读者的是一种闻道式的白茶体悟。

　　当前，福鼎正处在蓄势而发、乘势而上、加快发展的关键时期，正发挥其得天独厚的区位优势、资源优势、人文优势、生态优势，全面带动包括茶产业在内的经济社会协调发展。茶业的生机和活力为福鼎经济又好又快发展增添了绿色翅膀；茶产业的持续振兴、茶文化的焕发异彩，将为推进全面建设小康社会添香助色。愿白茶文化的著述更多地面世，愿白茶文化日臻完美，并为更多的世人所乐道。

福鼎市太姥山镇方家山村委会

方家山畲寨生态白茶合作社联合社

2020 年 3 月 30 日

目 录
CONTENTS

附录 / 292

篇一

寻味方家山

一程方家山，尽语白茶香。

惊蛰过，又无大的倒春寒，一年一度的春分又款款步入人间。倏忽间，那万千茶山和广袤无垠的茶带、茶园，也都"惊蛰过、茶脱壳，春分茶冒尖，清明茶开园"，进入茶芽吐新、采制春茶的最佳时机。

春分至清明这个时节，最为忙碌的是茶人。萎凋房里的白茶正在"走水"。在恰到好处的温度、湿度中，它正自由呼吸，由着性子重生。

许多茶青放在太阳光下晾晒，这是归仓之前的喜悦，也是这

"醉"美茶山

个季节最美风景的展示。

山中日月长，钟爱茶的方家山人，守着青山碧水间的茶园，生死不渝。与茶园厮守，成了他们生命中的一种信仰。

茶催诗兴，诗中生茶。岁月如歌，人生过往仿佛是一场穿梭在时光里的故事。从某种意义上说，白茶已为所有的故事做好了十足的铺垫。

方家山，一座难舍的畲族村寨，美誉"白茶故里"。

白茶故里方家山位于福建福鼎，那里翠峰插天，古树葱郁，溪流蜿蜒，清澈如玉，也是世界地质公园太姥山的山脉。方家山我曾游历过，那可是一方人间仙境，一曲一幅摄人心魄的山水美景，一曲一处耐人寻味的人文景观。由此可以想象，作为太姥山山脉的方家山，定是山秀水媚的了。

好山好水出好茶。福鼎白茶是我国六大茶类之一，最大的特点是"一年茶，三年药，七年宝"；香气清雅，既有甜润的花香，又有沁人的茶香；茶汤色泽较淡，杏黄透亮；滋味甘清圆润，特别耐泡，用工夫茶泡法，5克干茶，十泡犹有韵味。真是一杯香茗，一卷诗书，便可悠悠然沉醉在茶香和书香氤氲的意境中。

　　方家山白茶有着独特的"毫香蜜韵"。品方家山白茶的基本功在于懂得茶的色、香、味背后关联的茶叶的生长环境和天、地、人等因素，而品茶的趣味也就在此。

日光萎凋之美

行走茶山

当我看到西方的葡萄酒有规范的酒标，清楚标示出产地，有翔实的产品记录和客观的品鉴信息时，不免会想，中国茶还有无限的发展空间。

中国茶与葡萄酒在生产过程中要面临的变动因素相似，但葡萄酒在开瓶后，杯器与酒的关系一目了然；中国茶却需要通过冲泡技巧，才能展现曼妙滋味，而在冲泡时就有太多的趣味与变因值得探讨。

这也是我对福鼎白茶痴迷的原因。拿捏泡茶的时间与每一个动作环节，是一次次与茶永不厌倦的美丽邂逅。

一闻，闻其香。茶生天地间，寂然成香，融于杯茶之内，白茶香淡而不薄；二观，观其色。时间逝去，岁月沉淀，历经磨难，陈化之后更显茶叶至臻本色；三品，品其味。品的是山川之灵气、历史之神韵下的至醇之味。

色——茶汤的颜色

如何好色而知味？从茶汤颜色的透明度，就能知道茶农制茶的功夫。

中国茶按茶色分成六大茶类，每一种茶皆因受产区、制法、焙火、储放等多种因素的影响而呈现不同的茶汤颜色。如何"茶"言观色呢？我认为：正色而明亮，就是好茶。

香——闻香

茶的迷人，茶的深情，多半来自茶香。先不理会茶香的化学成分，先问问自己：除了会说"很香"，你还会用哪些词来形容茶的味道？

最基本的闻香方法是：提杯到鼻前，左右三遍；也可以先初闻，再深闻，吸茶气入鼻。高雅的茶香气清雅，纯正鲜美，或以幽兰清菊之香扑鼻，或以醒脑之味令人耳聪目明。

茶香可分杯面香、杯底香与冷香。杯面香即茶汤在杯中初闻的香；品饮后，留在杯底的香味称杯底香，两者各异。我品白茶时，闻到她的冷香，如空谷幽兰，沁人心脾。

品味

味——味韵缠绵

啜一口茶，滋味微苦而转甘，甘味入牙缝，穿透齿颊，朝喉口滑近，这时茶汤的甘味犹如涌泉，通过牙缝覆盖味蕾，这时可以舒缓地展开身体迎接泉涌的来临。

事实上，好茶一入口，便知有没有：一段茶与味蕾的缠绵共舞、一个齿舌勾连的故事即将开始！

回韵，是对茶汤的礼赞。然而，回韵就在甘苦一线间，由苦转甘必属佳品；由甘转苦必是劣品。

初饮者，得细细分辨才能体会：苦得有理，才是好茶。要是苦味残留在舌根久久不去，便是劣质茶。

回甘又叫"回韵"，好茶的回甘可以让人通体盈泰、行气周天。这不正是古人所说的"茶通仙灵，但有妙现"吗？！

偷得浮生半日闲。

如果说福鼎白茶是一出地方戏，那喝茶就是方家山人家挂在嘴上的曲调了。这也难怪茶王陆羽相中它，再难割舍。

品是生活态度和处世哲学的延伸。闭目想象着那种绝美的场景，岁月里的遗憾总是难免的，可是上苍不曾薄待过我。生在山村的我，想看长江黄河，看到了；想看西湖，看到了；想看大海，看到了；想去普陀，成行了；想去北京，去成了。相信每个不经意间流露的念头，都是它在为我安排。可是有时候我没有诚实对待自己，硬是捂住了真相，反复矛盾地变换着要求。就像方家山敞开着胸怀拥抱月光，我告诉自己不要再遮掩这颗心，不要让上苍再对我无所适从。

那些在生命最为华美的时候，离开了生命之树，经历晾青、萎凋、烘焙等诸多磨难之后的茶叶，没有了昔日娇嫩清纯的模样。然而，当她来到一个精致的玻璃杯中，与自然之水相遇，一个新的她又诞生了。一根根蜷缩的茶丝慢慢地舒展开来，像是一群身着裙子的少女，娇俏婉约，在清水中尽情旋转起那绰约的舞姿。我静静地欣赏着茶叶的舞蹈，仿佛在水中幻化着茶山的宁静和淡泊，幻化着生命的沉重和轻盈，那是一种梦想与现实结合的境地，是一种为了瞬间的精彩而释放出来的生命之美，是将一生凝聚的精华尽情展露的大气之美。

畲族姑娘采摘白茶

茶在，一种境界就在。一片经时光雕琢的白茶，是一段厚重的历史、一个人生的传奇、一种经典的传承，甚至还会是一个企业、一个民族、一个家族的光荣史和兴衰史。一个时代的跌宕起伏可能就浓缩于一杯茶汤之中，令饮者思绪悠远，浮想联翩。

古人云：茶，一可解毒，二可健体，三可养生，四能清心，五能修身。可见茶经受了风吹雨打，吸吮了天地之精华，真是一种有益身心的好东西，难怪苏东坡由衷地发出了"从来佳茗似佳人"的感叹。但在物欲横流的当下，真正能够坐下来，给自己泡一杯茶，用闲适的心情喝茶、品茶，体味茶之心、茶之韵，享受一种淡然、一种恬适、一种宁静，欣赏一片片茶叶在水中翩跹起舞，如同一个个鲜活的灵魂在水中自由自在地游走，实在是太难了。记得有这么一副对联："为名忙，为利忙，忙里偷闲，且喝一杯茶去；劳心苦，劳力苦，苦中作乐，再倒一杯酒来。"毋庸置疑，人的一生中，有忙也有苦，苦乐相随，但再忙再累也不要忘了喝杯茶，这不是及时行乐，而是在艰辛的生活中寻找出一丝快乐来。

人生，就是出发，然后休憩，休憩好了接着出发。走出方家山，才走出"世界白茶在中国，中国白茶在福鼎"的起点。白茶故里的风雨传奇，越来越远。一种勇往直前的精神却在这方山水里播下了种子。（雷顺号，2016.5）

遇见方家山

当我们的车在绵绵细雨中沿着蜿蜒的山路往上行驶时，我就预感到我今天的遇见定然是不同凡响的。

正值深秋，漫天的雨丝又将这秋涂抹得更深了。灰蒙蒙的世界里仿佛储存着不计其数的秋意，然后在我们前行的路上一点一点地释放——一会儿是飘落车前的黄叶，一会儿是漏进车窗的山风。雨刮上跳跃着的似是沾染上此间灵气的雨珠连续不断的逗引，惹出了我对这座山这片天地的无尽想象和期待。

停车处，正是方家山。这是太姥山的西南麓，太姥山的奇石翠雾至此统统变得冲淡平和，似乎要将她秀丽的姿态全都化作滋养生灵的氧气和甘泉。所以当我坐下来喝下方家山的第一口白茶时，我就如沁入了这里不同凡响的清新与脱俗。确是啊，这里的山海，这里的云雾，这里的日照，还有这里恰到好处的海拔，无一不是造化的垂青。于是当一种味道由于造化如此精心的调配，就势必唤起我们味蕾最丰富的体验。更何况当耳边娓娓传来关于这里茶树茶人的传说时，触动我们味蕾的，就不仅来自舌尖，而更像是源自心底了。

相传尧帝时有一农家女子因避战乱逃至太姥山中，栖身鸿雪洞，以种蓝草为生，人称蓝姑。有一年山下麻疹流行，无数患儿因无药救治而夭折。一夜，蓝姑梦见南极仙翁，得其指点，于鸿雪洞顶觅得一株仙茶树，蓝姑将此茶叶晒干后煮水予患儿饮用，治愈了麻疹，拯救了无数生命。此后蓝姑精心培育这株仙茶，并

福鼎大白茶母树"绿雪芽"

教附近乡亲一起种茶，直至整个太姥山区都变成了茶乡。晚年蓝姑在南极仙翁的指点下羽化升天，人们感其恩德，尊称她为"太姥娘娘"，这株仙茶树就是"绿雪芽"。

果然，那天晚上坐在方家山绿雪芽茶庄园里的茶悦养心馆里细品这传说中的"绿雪芽"时，我心里的感觉就非常治愈——口中的滋味直抵心底，直至心情，只觉平和与愉悦。一种万事万物都无足轻重的感觉弥漫全身，时间仿佛变得漫不经心，时针的滴答也只如一曲低回流转的音乐。窗外被点点灯火照亮的雨丝与高矮错落的树叶竹叶碰撞时散开的雾气似乎与我眼前的袅袅茶气相附和，直至使人沉入到一种世外桃源般的境地里。

"绿雪芽"，光听茶名就足以引出你许多联想。将翠绿与雪白如此对比鲜明地置于嫩嫩之芽前，那么你很快就会在脑中浮出诗的意境——比如"小荷才露尖尖角，早有蜻蜓立上头"；比如"白雪却嫌春色晚，故穿庭树作飞花"。而当你又喝上一口此般"绿雪芽"，那么刚才所有关于美的色彩和美的诗又统统化作醇而绵而甘的滋味，顺喉而下，然后在腹中，在心底，无穷回味。

茶悦养心馆是当地著名企业福建省天湖茶叶有限公司所属绿雪芽白茶庄园的一幢有味道的建筑。同行的朋友一入此地便禁不住惊呼——此地莫非潇湘馆邪？果然，将《红楼梦》中对潇湘馆之描述移于此处亦无不可——"忽抬头看见前面一带粉垣，里面数楹修舍，有千百竿翠竹遮映……大家进入，只见入门便是曲折游廊，阶下石子漫成甬路。……后院墙下忽开一隙，清泉一派，开沟仅尺许，灌入墙内，绕阶缘屋至前院，盘旋竹下而出。"林黛玉选定潇湘馆当因"爱那几竿竹子"，想必此间主人之于此处植竹，定也是为了这一番的清幽与脱俗吧——竹之清幽恰与茶之平和两相呼应。

《全唐诗》录有陆羽一首著名的《六羡歌》——"不羡黄金盏，不羡白玉杯。不羡朝入省，不羡暮登台。千羡万羡西江水，曾向竟陵城下来。"茶圣此诗是为怀念其师而作，可其中之"四不羡"我想定然也源于他爱茶的一生——因为爱茶，自然不羡世俗之荣华。

当然，茶须好茶，绝不含糊。陆羽《茶经》有云："永嘉县东三百里有白茶山。"据考证，永嘉为当时的温州，东三百里为海，故应为南三百里之误，而南三百里即今日之福建福鼎，而太姥山自然就是"白茶山"。如此说来，我方才饮之沉醉该是有因可循——此乃造化之所赐，实乃味蕾之幸事。

白茶山由来已久，而此间茶事亦是由来已久。据《太姥山志》（明代谢肇淛纂）载："白箬庵……凡五里许，始至。前后百亩皆茶园。"又《长溪琐语》载："以二月末，游太姥山中，梅花方盛开，时距清明数日耳，石鼓茶已出市，而金峰、白箬莾芽未有发者……环长溪百里诸山，皆产茗。山丁僧俗半衣食焉。"长溪百里诸山即今日之太姥山区域，而方家山当为其中之要——因白茶生产早早就是当地山民经济生活的重要部分。而民间长期流传的方家山是"白茶故里"之说，恰也说明方家山晒制白茶工艺之代代相承。

我又想起了那天下午坐在我对面侃侃而谈的老人。老人说起方家山说起白茶时的神采奕奕我至今记忆犹新，他说他每日必饮三壶白茶，他说不可一日无茶，他说他要将自己六十余年的白茶制作经验和他自己对家族白茶古法工艺的理解无保留地传授给年轻一代的茶人。老人叫邱乐辉，今年已八十八岁高龄，为方家山土生土长的茶农。

从方家山回来已有多日，可藏在舌尖里的白茶记忆，藏在脑海里的云遮雾掩，仍挥之不去。我知道，有一种滋味很难遗忘——譬如醇厚，譬如安详。（陈曼山，2017.11）

英雄竞畲寨　妖娆茶时光

错过了清明，再错过谷雨，印象里关于方家山畲寨生态白茶的那份菁华，惟余擦肩而过的遗憾。

所以，在暑气蒸蒸的六月，逃离城市的喧哗，潜入翡翠一般妖娆欲滴的方家山，已经淡然的是对茶的奢望，无以拒绝的，当然是漫山遍野的绿。可以想象，那样的召唤，一定别样的清凉，别样的柔软。

六月天，本应香香暖暖的。可是，方家山的六月天，雨后初霁，竟乍暖还寒。抖抖索索的窗外，青山生碧，绿水浮烟，更有田畴老屋，牛犊羊群，瓜棚花架，青梅生桃，若隐若现，梦影依稀。

诗人好还乡，乡关情切切。如此近距离地，冒冒失失地，在白茶山的山山坳坳里撒野，不免一番心虚，一番怯意，恍恍惚惚间，竟醉了。

迷醉，沉沉，沉沉的，却在憩息茶园的那一刻如梦初醒……

白茶山，是我们抵达的第一站。环环绕绕的是茶山，层层叠叠的是茶树，起起伏伏的是茶绿。山之顶尖，树之比肩，绿之心眼，平平展展的，是一片有机茶园，约60亩。雷哥说，这是方守龙有机白茶园，央视节目《茶，一片树叶的故事》外景地之一。

爬到山顶，竟见天空灰灰蒙蒙，细雨洋洋洒洒。瞬间，空气湿漉漉的，黏乎乎的，随手一抓，似乎水汽在滋滋有声地冒泡。距白茶山数百米开外的，或山坡，或小路，或树丛，一丁点雨丝都泼不进，抓不着。百米不同天，这种小气候的典型性，非身临其境，是断然感受不到的。

　　尚未解开心头之疑，雷哥站立微雨中又接二连三地激情播报：茶圣陆羽《茶经》中就有载："永嘉县东三百里有白茶山"，句中的白茶山即福建福鼎太姥山。永嘉就是现在的温州，那么从温州出发向东三百里，岂不是掉到海里了？莫不是白茶山如同蓬莱仙山一样，飘悬于海中？事实倒是没有那样玄妙。茶学泰斗陈椽教授在《茶业通史》中指出："永嘉东三百里是海，是南三百里之误。南三百里是福建福鼎（唐为长溪县辖区），系白茶原产地。"骆少君、陈椽等众多专家从历史渊源、文献记载以及自然地理条件等方面对福鼎白茶进行多角度多层面的研究考证，得出了结论：中国白茶的源头在福鼎。2008年6月22日，首届中国白茶文化节高峰论坛在福鼎举行，与会专家通过考察与研讨，一致认定福鼎为中国白茶发源地。太姥山高多雾，盛产白茶（白毫银针），白茶宋朝时为朝廷贡茶，清朝时期曾为英国皇室"贡茶"，畅销欧美及东南亚。今天，太姥山麓的茶人，还创造性地推出福鼎白茶公共品牌，茶色迷人，茶海无边，享誉五湖四海……

太姥山峰林石秀

太姥山夫妻峰

这一刻，站在白茶山之巅，放眼眺望，远远近近，仿佛茶绿匍匐，漾起一圈圈涟漪，就像千军万马，前仆后继，奔腾翻越。这，是福鼎白茶市场的虚拟形态，还是现实常态？

答案是肯定的，但未来的想象更美好。

实话实说，靠茶吃饭，我们最不能忘记的，应该是茶圣陆羽。一本《茶经》，助推茶叶由饮的常态，噼里啪啦地，蹿升到品的高度。但是，眼下的龙井、大红袍、铁观音、普洱茶，大有炒作太过的苗头，片片茶叶，身不由己地从品饮之常态异化为乱市之癫狂。

君不见，假借历史上的皇帝、僧人、高官巨贾说事，莫不鼓捣多多多多的茶叶传奇。于是，眉来眼去之间，茶叶，被推手簇拥着角逐着离开树枝，在"砖"家吹拉弹唱中花容失色，甚至失守贞操。今天，即便是龙井村的"龙井"，武夷山桐木关的"金骏眉"，哪怕是使用原产地地理标志的，也未必道地。茶青，既然可以移花接木；工艺，又何必地地道道？当然，不变的，只有"龙井""金骏眉""铁观音"等中文符号。不是秘密的秘密，明眼人都知道。这，绝非道听途说，而是"讳疾忌医"的历史典故，在现代茶市演绎的翻版戏。

那么，福鼎白茶呢？在生机勃勃、欣欣向荣的背后，尚能依稀可觅"福鼎白茶"的声色真相否？

所幸，一位走南闯北的当地茶商、方家山畲寨生态白茶联合社发起人钟金水为我们解开心结：从市场的角度看，产品离不开求新求变，切忌一味到底，于是，外地白茶假冒福鼎白茶出现了。但是，方家山人在坚守福鼎白茶工艺传统性的同时，善于向传统学习，用创新手法赋予传统产品以时代特征，使之在更高站位上把传统产品导向高精尖的层面。

探索，是艰辛的，也是痛苦的。面对茶市的杂乱无序，其探索显得更艰辛，更痛苦。现阶段，从表面上看，福鼎白茶产业坚守传统制作工艺是很成功了，个性的挥洒也到了一个新的层面，甚至有部分产品完全坚持日光萎凋传统制式，可以说是对传统的传承与发扬。但，透视现象，考量本末，你一定可以悟到，静、清、和、雅的茶文化特质，已经深深地融合于外在的现代形质之下。

简言之，以静制动，还得以一变应万变。譬如，今年农历三月三，方家山搞起了首届白茶故里文化节暨第五届畲乡歌会，畲乡人在高山之巅吆喝茶经，在白云之下品茶斗茶……一切为了回归自然，回归生态。

一席话，大大地出乎所料。诚然，高山，有高人，高明有高见。

中午，乘兴到镇区老钟家吃饭。除了清明时节寻常可见的野菜、苦笋，还有原汁原味的土鸡、土鸭、山猪。最让我们叹为观止的是，每人座前赫赫然一杯荒野白茶，映着窗前的云淡风轻，漾着山里的碧里透青。

香香暖暖的六月天，方家山畲寨生态白茶的菁华，果然，别样的对味，别样的爽口。

这一杯白茶里，浸润着福鼎山里人的纯朴和自然；

这一杯白茶里，浸透着福鼎山里老人们近乎一年的生计和希望；

这一杯白茶里，有着最纯净的灵魂和对茶树的热爱；

确认过眼神，相信你会喜欢这最醇厚的味道！

不简单的山里人，不简单的头道茶，还有我们不一样的感叹——

英雄竞畲寨，妖娆茶时光。

一杯好白茶，真的来之不易。

我愿用好白茶，换你岁月静好。（雷顺号，2019.3）

太姥深处有茶家

太姥山雄踞东海之滨，险峰奇石，云雾缭绕，传说东海诸仙常年聚会于此。山上鸿雪洞旁岩丛间有一株野生古茶树"绿雪芽"，历经荣枯霜雪，千年不凋，是福鼎大白茶的始祖。这棵绿雪芽，正是传说中南极仙翁梦示蓝姑，用来救治周边村落流行的麻疹病那棵古茶树。蓝姑后被尊为太姥娘娘，就在这棵茶树旁得道升天。离鸿雪洞南不足五里的山深处，有一村落叫方家山。村里"家家种茶，户户萎凋"，连空气都是茶香味。在我此行的想象里，仿佛我们要前往的是古茶树荫下，一颗茶籽长出的古村落。

山道弯弯，往高处盘旋。车窗涌进雨雾潮湿的草木气息。茶味是草木的哪一味？茶经，茶道，禅茶，茶里乾坤有多大？也许茶本寻常无须问，且安心吃茶去吧。车到方家山，秋雨依旧断续淋漓，不大不小，不紧不慢，是泡茶洗杯盏，还是润茶呢？

方家山人待客，不论远近亲疏，客来先敬茶，而后才留饭。"茶哥米弟"，茶为五谷之首，是村人敬重茶。山地丘陵水田少，山民以薯、黍、菽为主食，其余就是满山遍野的茶了。古来，连僧人寺庵都靠"养蜂卖茶"来"藉以聚重"呢，茶是山民生活重要的一部分。枝枝是美丽的畲族女孩，三岁跟着父母滚爬在茶园；五六岁背着小背篓学采茶，采了得钱买饼糖；十四五岁已是专业采茶人。早出晚归，一天日头曝到晚，无树可遮阴，人都晒成了"黑包公"；雨水天，雨鞋斗笠碍人茶难采。阿妈采茶采到天摸黑，看不见路了，才回家。阿爸干活带干粮，一去就是两三天两

放歌茶山

三夜，吃在山上，困了坐地上靠树打个盹。枝枝说，采茶是辛苦活，但采茶人心情不会太苦。因为活儿干起来有乐趣。这里采了，那里有；这边没采完，那边还又等着你。采啊采啊，满心美美是荒野茶的清香和珍贵。累了乏了就唱山歌，这山唱来那山和。枝枝的父母就是唱山歌相识相恋的。父亲是有名的山歌手，枝枝从小就跟着唱，嗓音甜润柔美。枝枝不仅会唱还会自创新曲，她的《采茶歌》唱出了采茶人的艰辛和欢乐。

方家山人生死都不离茶，民情风俗处处有茶的影子，就像山道边处处有供人歇脚喝茶的古茶亭。每年春天，家家烟囱上都绑着新采的明前白露茶。孩子出生，用茶与艾叶蒲草熬汤来洗沐。新生儿入口"破嘴"的，是黄连苦茶，先苦后甜，甜如蜜。女儿出嫁，嫁妆里少不了蜜糖和老白茶压箱笼。糖，甜甜蜜蜜；茶，开枝散叶，又预防水土不服。红轿出门撒茶为女儿送路。进门新娘要给公婆敬糖茶。人老离世，头上带茶米，脚下带铜钱。盖房上梁，红布袋装茶装谷挂大梁。村人视茶为神圣，积善放生建茶亭，茶渣要倒在墙头后山溪河洁净处。

祖传做茶的老茶人邱乐辉连连感慨：茶真是宝物啊，能请神敬佛能祭祖，菩萨乞丐人人都爱喝。穷乡僻壤，缺医少药，山里人伤风感冒头疼脑热，一撮茶叶三片老姜，熬汤喝喝就好了；刀伤虫咬伤口糜烂，隔夜浓茶或茶叶嚼细敷衍就是药。古时神农尝百草，日遇七十二毒，就是采茶树鲜叶细嚼来解毒。茶真是太神奇了。爷爷曾对他说，吃一碗白茶，饿死卖药家。年近九旬的邱老先生，神朗气清，从未进过医院。他一辈子嗜茶如命，每日必喝三壶白茶。邱老先生祖屋后门山上，老祖宗留下一棵百年老茶树，高约五米，干粗如碗，被视为邱家传家宝。邱老先生毕业于农学院的儿子说，方家山这一带的水土、日照、温度和海拔，还有奇绝的雾幻，特别适合高山茶生长。方家山在太姥山西南山脉，六百米的海拔，山间云雾变幻莫测，飘绕不定，房前刚刚还清朗，云雾缭绕在屋后，忽而就烟烟絮絮，浮浮冉冉了。山中云气深啊，像这样云烟缥缈、雾半间人半间的居所，不是僧家，便是仙家了。

都说山深隐高人，方守龙算是福鼎白茶界高人了。他在远离人烟的密林处觅得一片小茶园，隐居深山，不问世事，虔心修行伺茶。那种对茶叶精细极致的讲究，使他成茶痴；又以自家茶艺秘诀无私授人，磊磊落落，村人十分尊敬他。那天午后，我们去拜访方先生的茶室。茶具满架。几案古雅。一盆幽兰。一本摊开的线装佛经，经书上一串玉石念珠，是主人刚放下经书，起身迎客。方先生是虔诚的佛教徒。佛经无意中摊放几案上，比着意摆设一架古琴或名贵古玩，别有韵味。佛经散发出洁和静，压住了茶具满架的那点杂，那点乱，还一室清空明月，是俗世里的出世，是非山非水后的真山水。那些茶炉茶具是远道慕名而来的喝茶人的心意，有来自西藏活佛，也有来自扶桑东瀛。方先生容颜清癯，静默少言，只是煮茶，斟茶。我们围坐茶桌前，也只是喝茶，细品他珍藏十一年的老白牡丹。初品，似乎也不觉怎样，但在我离开茶室数步后，一股清醇绵柔的甜香，瞬间在齿颊间绽放，绵延回绕，那一刻仿佛有什么叫住我，我停下脚步，回头，多年前在武夷山道边喝到的那盏茶，在远远走出茅舍竹篱后，也是这样悠远的回甘，让我惊叹难忘。有人说，能喝上方先生的茶，是极难得的。他的茶园灌木夹杂，禽鸟纷飞，以鸟治虫，天然纯净；他的茶，不管是老还是新，茶的内质都极丰富，入口即化，有绵柔软糯的浓稠感。在我写下这些文字的瞬间恍惚中，似乎方先生是一袭玄色布衣长袍，古意端然，竟一时想不起他当时的穿着，为什么会这样呢？

夜宿"绿雪芽"白茶庄园，庄主热情，晚餐时，山里重酿美酒的醇香甘冽犹在舌尖，接下来又是品茶。茶盏里的白毫银针，七年的储藏，七年的毫香蜜韵，茶汤杏黄澄澈，汤水里上下浮游着闪闪的银毫，如波光流漾的金丝玉。头泡茶也还淡淡的，第三泡时，满口清香，难以言说，不知不觉喝了一杯又一杯，最后泡茶女孩将玻璃壶底都翻过来让我闻，壶里已无茶，茶香依旧在。可以想象，一夜醒茶听雨滴，不是茶醒，是我醒。晨起推窗，雨已住。窗外有湖，湖心有亭，亭名"坐忘"。湖岸的花草竹树如新沐。众人自做梦，我独自出门绕湖漫步。湖上两只黑天鹅，长颈红喙，嘎嘎鸣叫着向我游过来，停在湖边凝神看我，见我没反应，又悠悠转身游走。天鹅细长的"S"形脖子，时而拱起、伸直，时而接头交颈，神态优雅动人，我频频按下相机快门，两只黑天鹅闻声，又转身嘎嘎朝我游来，太可爱了。而三只大白鹅顾自悠游，懒得理我，只当我是岸边草树。

昨夜在雅致的养心馆品茶，弯弯曲曲来回客舍的路上，只影影绰绰看到一些屋舍，看到竹影照壁，树影团团，黑魆魆的湖水。此刻，晨光下，真容初显，不由惊叹：山深处，一个小乡村，竟藏了这样一座大庄园。园区有三湖，散落着客舍、太姥书院、茶悦养心馆、明遇山房、白茶博物馆、白茶作坊，四周山头皆茶园，翠绿青葱。一路行来，水榭、亭子、拱桥、花木。樱花小道上，烂漫的樱花早已开过。水边的山茶花开了一朵，小碗大，洁白如绸，其余龙眼大的圆花蕾还待开。银币大的黄蕊小茶花倒是开了不少。最引人的是细碎桂花，在晨露和昨夜的雨湿中，一阵阵散发清澈甜美的芬芳。

太姥书院养心馆

　　早餐后，看了白茶博物馆，又上茶山。已是深秋，茶事已歇，满山茶树犹自青青。茶山顶的歇日亭，可观云看日出。茶山对面，太姥山主峰岩石磊磊，几块巨石簇拥处应该是九鲤朝天了。晨曦中的茶山安谧宁静，露珠盈盈，天空清朗澄澈。太姥山寺庙早课的诵经声，透过山岚云烟传送过来，满茶园隐约的佛音梵歌。每一片茶叶，每一根草茎，每一滴露珠，每一块石头，都静息聆听，而初阳橙红的光亮，淡薄明丽，柔和地洒向茶山，仿佛悲悯慈和的佛光，普照众生。（诗音，2017.11）

白茶故里的清香时光

　　我对茶的敏感，远胜于酒。酒不胜禁，终不至于醉倒。茶轻啜一小口，则会清醒到天亮。对茶敬而远之，对茶也知之甚少，类如五谷不分的人，不知道茶有红绿白黄黑分类。

　　深秋，冒着斜风细雨往太姥山镇的畲茶村——方家山进发。南方有嘉木。南方的茶多生长于岭上，随着山路蜿蜒，海拔逐渐升高，一座座茶山被修整得规规矩矩，像建筑师简约风格的统一作品。方家山少有这样的茶山，青山寂寂，雨雾迷离，茶山不知道隐在哪里。一阵山风吹来，撩散眼前的雾，乳白的雾从左山头飘荡到右山头，林间的茶园倏然显露出来，小片大，碧色青青，像菜园子，没有连绵成片。又一阵风，把右山坳的雾哄到左山坳里，树林间的茶又露出来，全然没有想象中规模大得骇人的满山遍野的茶岗。方家山是闻名遐迩的白茶故里。《茶经》里记载："永嘉县东三百里有白茶山。"茶圣陆羽记载的白茶山，就是风光旖旎的太姥山。相传尧时，蓝姑攀缘岩壁采下茶叶，为山下的孩子救治荨麻疹，白茶的第一株母茶绿雪芽就生长在太姥山的雪鸿洞里。蓝姑仙化后被当地村民奉为白茶神。周边的乡民植茶遍野，代代流传。如今，太姥山白茶享誉世界，品茶师对白茶的品鉴，也考虑了方家山白茶工艺带来的口味。这么盛传的白茶故里，茶园像娇羞的新娘躲在林子里，和云雾捉迷藏。极目群峦，茶园东一簇，西一簇，如放养的绵羊，在山地里安安静静地啃草。原来，位于太姥山西南山麓的方家山，山中多林，林中多雾，在雾幻中养茶，是方家山生态茶园的特色。这里的茶树不施农药化肥，不喷杀虫剂。由隐匿林间的茶园，可窥见养茶人的性情，沉着、质朴、憨实，不为名利驱逐。世间的美，存在着差异性；而品质美，一定是从心灵深处焕发出来的。林间的茶，从这山头，透过雨雾望见那山头，如劳作的畲民，歇下锄头，抹开汗水，在山头上对茶歌。古时，躲避战乱的畲家先民，隐居深山，就如这一垄垄茶，与世无争，兀自翠绿吧？

一层秋意，一场冷雨。飘进山里的雨变细、变轻，如春天的毛毛雨细细斜飞着。雨，挡住林间看茶的路；绵绵秋雨，恰是喝茶的好时机。

茶店，沿着村街林立。每户茶农敞开的门面，是一家家独特的私房茶：畲然香、畲家韵、畲谷香、畲仙子、阿铁白……畲农们因茶毗邻而居，家家户户的广告语都以滚热的情怀诉说着茶事。茶店里的陈设基本一致，茶柜摆放着老白茶、新白茶、茶饼、散茶、茶缸、茶书等；用铁壶烧水，建盏喝茶，藤架上的兰花散发

畲民采茶忙

着幽香……这么怡人的环境，畲家人喝茶真是喝到了一定境界。建盏喝茶沿袭宋人的情怀，铁壶烧水融合日本茶道习俗。茶、水、器、火，是喝茶的四要素，茶滋于水，水藉乎器，器成于火，四者相生，使茶品和氛围圆融于一体。对一种外在形式的精致追求，缘于内心的执着和热爱。畲山的乡民们把传统的、外来的茶元素，融汇到这片土壤上，衍化成畲山茶别具一格的意境。他们对白茶的用心，是灵魂深处的一种寻求。当土地的梦想，繁衍成植物的气息散发出来，灵动的气息潜入身体，与心灵相呼应，灵魂净化，品格提升，生命的爱挥洒成点点滴滴的生活细节。他们养茶、制茶、喝茶，回馈给土地更多的热忱与真诚。一座仅有数百人口的畲山村，因为生态茶，声名远播，每年竟有数万茶客慕名而来。

年轻的畲妹子李枝枝为我续茶时，用畲歌平调为我清唱了一曲她自己作词的《敬茶歌》："我是青山茶叶心，你是龙井水来清，茶叶与水有缘分，清水泡茶甜到心。"好客，是畲家人的情怀。畲家人以歌代言，喝茶献《敬茶歌》，喝酒有《敬酒歌》，迎客有《迎客歌》……歌声飘送着生活质朴的温情。我手握茶杯，第一次面对面聆听《敬茶歌》，心中有说不出的感动。"茶哥米弟"的排行中，茶是畲家生活的头等大事。在贫穷的岁月里，畲家人可以没米没油没菜，却不能没茶待客，相逢的情谊永远搁置心头第一位。畲农与茶客的缘分，就像茶叶与水的缘，懂得清水泡茶的真情，一碗茶汤结下的缘分，宛如清泉从心间流淌。畲妹子将泡过的茶渣，用茶匙轻轻拨弄到茶盘上，再端到厨房后门山上倒置，因为后门的山地高于门前平地。这是畲家人礼茶的传统习惯。因为茶对生活的恩典，高于米油酱醋。我对手中的茶水更加敬重起来，茶水里有艰辛，更有情意。一碗汤水，汇聚了一个地方的物候、风俗、民情，也体现一个民族的心智。茶，真的需要用心品茗。茶香，飘散着山的魂魄、水的灵气，是一个地方的山水芬芳。远方的客人千里迢迢来寻茶，他们需要寻找的不仅是茶园风光、制茶工艺、名茶品位，应该有不被世俗遗忘的茶心灵。

柔婉清亮的畲歌里，我仿佛看见身背竹篓头戴斗笠的畲妹子，站在青青茶园深处，手指忙碌得上下翻飞。立春时，新茶刚刚发芽，茶山上春寒料峭，采茶人双手冻得红肿，皮肤皲裂；雨季里，上个时辰与下个时辰，茶青的雀嘴都在悄然变样，赶着天光去抢采，身上裹一片破塑料片，踩在泥泞里，身边的雨水哗啦哗啦响，全身淋漓闷在塑料片里，一站就是一整天；酷暑天，茶园无遮无挡，长衫长裤罩得汗流浃背，双手晒得像黑炭，喉咙干得冒火，依然从茶垄间一步步挪动沉重的脚……一年四季风里来雨里去，采茶工苦不堪言。畲妹子把常年的采茶经历融入歌中，唱出《采茶歌》时，我耳畔的歌声不再如舞台表演得那么绚丽光彩，歌声里飘荡着畲山茶园的原始气息，如一叶茶青，清新、苦涩、韵味隽永。畲民们从心间放飞歌声，遗忘劳作的辛苦；歌声飘荡过原野，茶树翠绿的光绵延流淌。一曲曲茶歌从太姥姥、姥姥、母亲、儿女们之间流传；一代代脚步从青山茶园款款走来；一双手，两双手……无数双手在茶枝上颤动，如彩蝶翩跹。我凝视着手中的茶，当水气袅袅的杯盏温热心中的言语，谁能从一盏茶水啜饮到远方的温度？茶，素手采摘；茶水，最能打开人心。

走进敞开的门店里，到各家各户去喝茶：森白茶、有机茶、十年珍藏的凤饼；白毫银针、白牡丹、贡眉、寿眉、春茶夏茶秋茶混泡的茶……每道茶，都浸泡着一个茶人背后的故事。茶农、制茶人、茶山守护人、茶商、茶客、好茶者，围着一壶茶说着种茶、采茶、斗茶，跟茶有关的话题，整个午后沉浸在暖暖的茶时光中。白茶故里，白茶的源头就是一缕干香；方家山，处处弥漫着这独特的香。（郑飞雪，2017.11）

畲山无园不种茶

方家山村素有"白茶故里""福鼎生态白茶第一村"之美誉。2017年10月28日，笔者专程前往地处国家5A级风景区福鼎太姥山"后花园"的方家山村。

唐代陆羽《茶经》载："永嘉县东三百里有白茶山。"据考证"白茶山"就在太姥山，太姥山就在方家山。方家山村是一个畲族聚居地，"畲山无园不种茶，山上无茶不成村"。方家山村借助海拔高、常年云雾缭绕等得天独厚的地理区位，从挖掘畲族传统茶叶加工工艺入手，大力发展白茶产业。全村247户、867人，涉茶收入占到全村收入的70%以上。

方家山村有茶园面积2000多亩，茶叶品质好，全村虽然有茶企21家，但

因数量多规模小，茶叶有品质却无品牌，加上各自为战、资金实力弱，难以带动村民致富，是宁德市级扶贫重点村。为了把这原生态的白茶产业做大做强，让茶农在这一特色产业发展中受益，2017 年，该村成立了"福鼎市方家山畲寨生态白茶合作联社"，并成立了合作联社党支部。合作联社是由方家山村 21 家茶企组成的一个茶叶专业合作联盟组织，村民 5 到 10 户为一组，将全村建档立卡贫困户全部纳入其中。合作联社与茶农签订茶叶质量安全诚信自律承诺书，从茶园、茶青到生产加工、包装、销售等各个环节，形成严格的统一管理和市场推广机制，保证让白茶的产、供、销等环节可监督、易追溯。

接着是联合创建品牌。致富带头人方守龙通过协议形式，将"白茶故里"这一品牌让村委会无偿使用，其品牌运营、收益权永久性让渡到村委会。以此为契机，方家山村将"白茶故里"作为公共品牌，加大了宣传力度。挂钩帮扶方家山的宁德市委办、宁德市方志委、闽东日报社也分别利用各自媒体《宁德通讯》《宁德年鉴》《闽东日报》等进行了扶贫公益广告宣传。2018 年 4 月 18 日，该村成功举办了首届"白茶故里"文化节。2018 年 10 月 22 日，又在第七届中国（青岛）国际茶产业博览会上举办"白茶故里"方家山畲寨生态白茶品牌推介会。

随后，该村又进行联合创建茶叶加工厂，对 5 家获得茶叶生产许可证的茶企，村两委采取一企一策的办法，分别解决茶叶生产中遇到的厂房扩大、资金不足等难题。对 16 家没有获得茶叶生产许可证的茶叶合作社，拟新建一个占地面积 2500 平方米、总投资 200 多万元，集畲家白茶历史文化展示、现代化与清洁化白茶加工示范为一体、能通过 SC 认证的方家山生态白茶联合加工生产车间和联合仓储厂房，帮助这些茶企解决生产和发展中的困难。

为了进一步推进该村扶贫攻坚进程，村党支部提出了"生态立村，白茶富民"的工作思路，进一步优化脱贫攻坚指挥部的组织架构配置，坚持党组织全面领导、党员带头引领，将脱贫攻坚责任分解到党员、致富带头人、合作社和企业，从而形成了"支部 + 联合社 + 党员 + 致富带头人 + 贫困户"的党建帮扶纽带，以此撬动村内白茶产业发展活力，激发村民主动创业热情。

他们还投资 20 多万元建设生态白茶示范街，对主街道统一整治，统一店铺招牌和广告宣传，引导农户新开茶店 36 家，评选生态白茶示范户 7 户，促进白茶产业提质增效；引导茶农完成从种茶到制茶到卖茶的转变，实现从家家种茶到抱团营销再到打响品牌的"三级跳"发展。依托国子白茶设立生态白茶文创中心，致力帮助方家山村村民解决白茶寿眉销售难问题，以点带线、以线代面，推动方家山村产业结构的调整提升。

通过一年多的努力与尝试，方家山白茶在质与量上都有了长足的发展与进步，"白茶故里"方家山的品牌已初步得到社会各界的认可。

面对未来，该村继续以茶会友，凝聚更多的成员企业抱团发展，拟结合太姥旅游，延伸白茶产业链条，在茶园内建设观光游道、观光亭、白茶景观小品等服务设施，引导游客采摘白茶，制作白茶，推进茶旅整合，打造太姥旅游又一重要旅游节点，形成"有景可观，有茶可品，有香可闻，有道可悟"的生态白茶示范村。（茹捷　林强，2017.11）

畲山白茶醇似酒

之前两次来方家山，只是为了"听歌会"。方家山是畲村，每年农历三月初三，家家开门迎亲，置酒高会。畲族爱歌能歌，这样的场合自然少不了对歌盘歌，亲朋好友，男女老少，你唱我和，又揪三捉五，成组成团，对阵"厮杀"，"斗"起歌来。这天是畲族乌饭节，家家户户还要采集乌稔树叶，蒸煮乌米饭，与亲友共享。习俗流传数百年，远近十里八村都知道：方家山过三月三，好热闹。十多年前，村两委动起心思，想借助方家山位于太姥山景区境内的优势，把旅游搞起来。从哪儿突破？不约而同地想道：三月三。当时的村党支部书记叫钟金水，一个纯朴敦厚的畲家汉子，一心想着为乡亲们闯出增收致富的新路子。他给我寄了请柬，邀我参加第一届方家山三月三畲族歌会。那还是我第一次听到方家山这个地名。第二届，我也参加了，第三、四、五届，方家山村仍真诚相邀，因为有事，不能赴约，颇觉得遗憾。

我本应理所当然地想到茶对于方家山的分量。第一届歌会，舞台背后就是茶山，我拍的上百张照片中，最好的一张，是两个身穿畲族凤凰装的少女在茶园放歌的情景，被《福建日报》采用，之后又屡屡出现在各种画册中。然而我还未把茶与方家山联系起来，歌会的主题似乎也并未关注到茶。今年三月三之前，收到方家山村的请柬，看到请柬上写着"方家山村第五届三月三畲族歌会暨首届白茶故里文化节"，心里没来由地一阵激动。细细一想，明白了，万千色彩源于红黄蓝，畲族、旅游、茶，就是方家山的

三 "原色"，缺了茶的方家山，是不丰满的。

畲村大多在山区，吃饭靠番薯，生活用度靠茶叶，这是过去畲族乡村的共性。方家山也不例外，祖祖辈辈开荒种茶，家家户户都有几丘茶园。山区，恰当的海拔，原始的生态，方家山出产的茶叶品质因此比别处要好。绿雪芽是福鼎最有名的茶企之一，老板林有希满福鼎寻找，找到方家山时，仿佛找到了"梦里寻她千百度"的那个"她"，欢喜地在方家山建生态茶园基地和白茶山庄。方守龙是福鼎茶界的一个奇人，多年潜心钻研茶树栽培、茶叶生产工艺，对茶树生产环境的要求极为苛刻，却对方家山情有独钟，在这里创建自己的"实验园"。这么好的地方这么好的茶，一直"养在深闺人未识"，村民们延续着祖辈的生产方式，粗放种植，采茶叶卖，不多几家加工小作坊，也只是用原始工艺加工成家常便饭式的半成品。

钟金水还来不及想到茶，准确地说还来不及思考如何把茶文章做得更好。他父亲早年是太姥山林场所属茶厂的一名制茶师，他初中毕业后被吸收到茶厂工作，他家也有上辈传下来、父辈垦种的几亩茶园，对茶，他很熟悉了。但更急的是路，是把乡亲们从山旮旯里搬出来。全村有 13 个自然村，这个一处那儿一堆，大的几十户，小的十几户几户，村所在地就够偏僻了，那些自然村更甚，比如一个叫横坑的，一条草径七里八拐，走上近两个小时，才能走到村部。借助造福工程、扶贫攻坚的政策东风，钟金水带领村两委一班人实现了把 13 个自然村集中搬迁到方家山、外洋两个自然村的目标，两村紧邻，旅游公路穿村而过。解决了这些事，钟金水就要考虑乡亲们的生活出路问题了，他想到旅游，也想到茶。于是办三月三畲族歌会，发动村民改造旧茶园开辟新茶园。

方家山渐渐亮丽起来，热闹起来，村民们的日子渐渐红火起来。钟金水却又有了别的考量。他对茶上心了。眼看着福鼎白茶产业风生水起，效益日升，他坐不住了。方家山的茶叶有口皆碑，现在又有了国家级龙头茶企绿雪芽，有了茶叶专家方守龙的"实验园"，是方家山茶产业实现转型升级、打响品牌的时候了。这不是钟金水一人一家的事，而是乡亲们共有的事业，他要做的，就是领头，做示范，开新路。

2011年，钟金水创办了方家山畲家茶叶专业合作社和畲茗香茶业公司，注册品牌商标"妙惠老锺家""畲泡香""美毫王"。因鲜叶品质优良，又用心做茶，钟金水的茶叶很快就有了名气，先在福建省第二届少数民族名优茶评比中摘得金奖，再在宁德市第六、七、八届茶王赛上两度拿下"茶王"，另获两个金奖和一个银奖，畲茗香茶业也先后被评为福鼎市、宁德市龙头企业。他因为茶还上了一回央视。

钟金水性格内敛，脸上总是挂着谦和的微笑，与人交流，听得多说得少。我从他不多的话语里摸到他的心思，从他的日常里体会到他的执着。牵头成立专业合作社，是尝试，带着一小部分村民共同创业，有所成有效益后，他就想把步子跨得更大，把方家山的白茶做成一个大品牌，让全村乡亲都从中收获更丰厚的效益。他的计划是，成立一个合作联社和一个协会，把全村的茶企茶人茶农拧成一股绳，自律自强，抱团发展，共同打造生态、文

老钟家

化的方家山畲家白茶品牌。今年三月三歌会，方家山畲寨生态白茶合作联社、福鼎市茶业协会方家山分会正式授牌成立，钟金水众望所归，被推举担任联社理事长和协会会长。

"这个名字好，有金有水。"我对钟金水这三个字产生了兴趣。钟金水笑了笑，却扯到另外的话题。

"畲家人一生都离不开茶。"他说，"婴儿出生，要把茶叶、菖蒲、艾草混在大锅里煮，用热汤为孩子洗浴；男孩第一次理发，要用茶汤洗头；阿妹出嫁，要带一包压箱底的白茶；阿妹阿哥结婚行拜堂礼，堂前案几下要备一个炭盆，盆里有茶有米有盐；老人过世，枕头下垫一个包，包里放茶和米……"

我也是畲家人，对这些习俗却一无所知，听他讲述，惊奇之余，更多的是沉醉，入口的茶水仿佛有了畲家老酒的味道，意蕴隽永，深藏着一个民族的人文秘密。（钟而赞，2017.11）

山海之情

（一）

在太姥山的西南方，有一个村落，叫方家山，村里有座白茶塔。

方家山，顾名思义，是姓方的百姓聚居之地，说来奇怪，这里的原住民却没有一家是姓方的。

说起方家山的由来，还得从方家山上的一块像极了一只三脚金蟾的伏石谈

白茶塔

起，它坐落在从秦屿到福州的古道边，山民们称这里为蛤蟆谷，只见这只金蟾扭头转眼看着距离百米的一块"龙珠"石，栩栩如生，活灵活现。

俗话说，两条腿的人好找，三只脚的蛤蟆难求。如此怪异的金蟾到底是怎么来的呢？

相传太姥山之国兴寺旧名伏塔院，分上中下三院，中院就坐落在方家山。从前，伏塔院里住着一位大师，能上天入地，呼风唤雨，法力高深。有一年大旱，眼见庄稼颗粒无收，百姓又将受苦受难。大师在大家的百般哀求下，挺身而出，起坛作法，上表天庭，连上了十二道急雨符，表奏人间之受旱困苦，连连三天，都无济于事，不明因何不雨。大师只好化身前往东海龙宫，往乌龙岗，经龙潭，来到龙宫。见过龙王祈求帮忙降雨，龙王知来意后一口拒绝，言人间该受此劫难，都因不珍惜粮食，乱丢乱浪费粮食，以致天庭震怒。在大师的再三恳求下龙王答应派七龙子随大师回乌龙岗的龙潭待命，静候天庭旨下。大师起身又回到法坛，又连连作法奏了三天三夜，天空还是不见一丝云彩。眼见太阳一天比一天炙热，心急百姓的方家大师，燃起一柱烟，口中念念有词，并对着香往乌龙岗的龙潭方向吹去，一道青烟笔直地注入龙潭。话说这七龙子正玩耍着候旨呢，忽见排山倒海的烟滚滚而来，潭水污浊得喘不过气来，便化作一只金蟾，跃上了龙潭，可外面还是到处浓烟滚滚，呛的它是到处乱窜，鼻眼昏花，接连打了几个喷嚏，一会儿天空便雷声大作，狂风呼啸，又过一会儿浓烟散去。这时的大师急了眼，如果龙子辨别了方向，往东一跃，回了龙宫岂不前功尽弃。大师心念而生，随手取出金针，甩手往金蟾的后脚上刺去，这金蟾被刺的是血泪直流，痛的是撕肝裂肺，往后一蹬，往上一跃，一个霹雳便蹬下了一座大山，不时天空下起了倾盆血雨，漫天铺地。话说也因这么一蹬，龙子把自己的一条破腿给蹬掉下了山谷，它在天空挣扎了一番后，落回地面，吐出龙珠，伏身而亡，化作巨石。也因这么一蹬把大师和伏塔院埋在了山下，后来人们为了纪念这位救民于水火且道术高深精湛的大师，为其取名方家，顺便把压在大师身上的这座山称为方家山。

（二）

世界地质公园太姥山位于福建省东北部福鼎市境内，海拔917.3 米，巍峨挺立于东海之滨，三面临山，一面临海，气势雄伟，景色秀丽，集山、川、海、瀑、洞等奇景于一身，以峰险、石怪、洞异、水玄、雾幻而驰名于世，居中国三十六大名山之内，古称武夷之东方奇秀，亦誉太姥为海上仙都，1988 年被列为国家4A 级风景名胜区，2013 年被列国家 5A 级风景区。

太姥山是道教的发源地，旧名才山，据说是帝尧之母在此山修道成仙而易名。太姥娘娘亦称蓝姑、兰花仙子，被誉为白茶圣母，是民间原始母系崇拜文化之始祖。民间传说老子之师容成子在此炼丹修道，汉钟离于此悟化成仙。

在太姥山的西南方，屹立着一座山峰，位于方家山和叠石寺之间，站在路上仰望，像一只苍鹰，嘴里叼着玉瓶，展翅而行，山里人都称它老鹰岩，也有人叫它酒瓶石，大家奇怪不？

明明像插花的花瓶，怎么到了山民的嘴里就成酒瓶了呢？说起这还有一段因缘。话说当年武王灭周之后，战争留下的是处处荒野，百废待兴。有一年干旱，大地干的像着了魔，连树都枯死了，眼看庄稼颗粒无收，百姓又将置于水深火热之中，武王急了，立召大臣与军师姜子牙商议。正当大家苦无良策之际，有一大臣抽身而出，说如今之计唯东海才山蓝姑那只七彩玉晶瓶才能救得百姓，这只宝瓶虽比不上观音大士瓶之威力，但也属天上神物，其所蕴含的生生不息衍化之功，令万物自叹弗如，蓝姑就靠它种出了各种七彩绚烂之花，化腐朽为神奇，并有起死回生之功效。武王听后大喜，钦命子牙完成所忧之事。闲话少叙，子牙派人往才山去借玉瓶，蓝姑听闻来意后，顿觉玉瓶之重任，遂立马把玉瓶及培植于瓶中之兰花取出并附水决一封交与来人。正当大家都酷热难耐之时，玉瓶送到，子牙起坛作法，掏出七彩玉晶瓶，口念水诀，顿时天空乌云密布，不一会子牙掌中玉瓶徐徐升上天空，洒下七彩甘霖，所到之处枯木复活，大地逢春，庄稼重生，大家欢欣雀跃，百姓载歌载舞。翌日，子牙叫来雷震子归还宝物，雷震子从早出发，张开翅膀，嘴叼玉瓶，腾空翱翔，越过九九八十一座大山，来到东海之边，东找西问不见蓝姑，又饥又渴，见山边有一酒肆，便坐下停歇，要了一碗酒，心想：这才山方圆百里，有五十四峰，七十二洞，也不知今天蓝姑在不在，估计一时半会也找不着，听闻这瓶有造化之功，再说自己又好这一口，不如装点酒在路上喝，解解闷。于是雷震子叫店家把酒装进了瓶内，谁知就这么一装出事了，这酒一入瓶便化作琼汁玉浆，生生造化，醉力惊人。

一路上，雷震子边喝边走，一个趔趄，便倒在了路边，一醉千年，也因这酒坏了玉瓶的灵性，玉瓶也随这只苍鹰化成了巨石。

（三）

太姥积谷山，因积谷而名，远望似火，山势峻峭。传说积谷山是谷神姬真子修炼的地方，每年的吃新节，都有很多庄户人家上山朝拜进香。古时候山下住着一户人家，孤儿寡母，母亲眼瞎，且儿子有点憨，也就是人们平时说的有点傻，但还算孝顺。由于家穷，儿子便到地主家帮长工，做了几年也没几个工钱，家里平时都靠邻里乡亲接济过日子，更别谈娶媳妇了，再说也没有哪位姑娘能看上他。

儿子就这样一直没出息，直到有一年秋，家里断米，母亲叫儿子从地主那里拿点米当工钱回家吃新，那地主就拿了些陈年自己不吃的米给他，这傻儿子也高兴呀，反正别让母亲饿着就行。

吃新在以前很是流行，也就是说从今年收成的谷子里头拣最好的割上一块地，打完后晒干，拿点出来吃新，用来敬天地，以保来年再丰收，另外则收藏起来一部分明年做种子。吃新时顺便也请上帮忙收割的邻居或亲戚，以尝新回报辛劳，晚上则在田间地头点起篝火，把田里的稻草和杂草烧光，然后大伙围着火堆又唱又跳以庆丰收。

话说这傻儿子背了一小袋陈米回家，母亲叫他用米笼把米蒸上，也跟别人一样吃新，这儿子心想别人都是新谷子新米，拿八仙桌放大门前，那个香呀，而自己却是陈米坏米，怎么办呀？会让人笑话的。于是他偷偷地蒸好饭，弄上一碗，往自己的后门山上去，找了个空旷的地方摆上米饭，焚香叩谢天地。

此时，恰好在此修炼的谷神路过，见一人弄了碗饭，跪在地上喃喃自语，很是好奇，上前一看，这哪是尝新呀！黑晦变质的烂饭阵阵发臭，于是究其原因，得知了原委，便让他回家打开仓门。是夜只见狂风大作，大批大批的稻谷向这母子家飞去，不一会满仓满屋都是。

这傻儿子那个急呀，这也太多了吧，就迎山大喊"够了够了"，说时迟那时快，那谷子便往他家的后门山上去，渐渐地堆积起了一座山峰。

（四）

如果说太姥山是座天然的石雕城，那么方家山也是一座出神入化的博石馆。它的东北与太姥相望，可见九鲤朝天、夫妻峰、一片瓦、五百罗汉堂等，全景跃然。在蒋太公路和杨太公路分岔点的路上布满了石头，有似仙壶、人像、棺材、海狮纳凉等。从古道南一直往北，有石船，长岩挂壁，回音谷，象山，铁将军，天柱石，石鸦峰仙人面壁，老虎剔牙，尼姑抱儿，佛座莲花，耆蛇探头等，其中石鸦峰像只鹰伏行，峰上有太姥娘娘之玉瓶、龟石等，峰下有洞。登峰顶可见五福（猪）临门，状元帽（叠石）峰等，峰外有二十四涧飞瀑，若大雨过后，水下百丈如万雷轰鸣。在去往蒋阳的古道上，石景依然，有金蟾望珠、石棺、猿猴破胆、七星北斗石、竖大拇指、猪肝石、马蹄印、茶壶山、老牛吃草、老翁垂钓及将军试刀等马来峡瀑景。方家山四面环山，山间春夏多云雾缭绕，如梦如幻，站于摩霄峰顶，放眼望去，如仙境般缥缈，顿生腾云驾雾之感。（林长辉，2019.10）

篇二

茶之原乡

普洱产云南，龙井出西湖，铁观音钟情安溪，大红袍独爱武夷山。天下名茶，吸纳一方水土的精华，带着一方水土的胎记，也凝聚了一方水土的秉性。福鼎白茶当然是、也只能是太姥山水的产物。

第一次听到"北纬27°"这个概念时，觉得很有些不解，它与北纬10°、45°和南纬27°、8°有什么不同吗？难道这一条纬度线藏着什么秘密？行内人告诉我，北纬27°出好茶。

而坐落在北纬26.52°与27.26°之间的福鼎，恰好坐落在这条"名优茶"带上。

空中俯瞰福鼎，峰峦起伏，满目青翠。它位于福建东北，毗邻浙江温州，东面临海，西、北、南三面环山，世界地质公园太姥山秀拔于市境东北。全境地势西北高，东南低，总体呈东北、西北、西南向中部和东南部沿海波状倾斜。除溪谷、滨海一带有小面积的平原之外，大多是山地丘陵，后者占陆地面积的九成以上，海拔大多在200～500米。市境东南，海域辽阔，岸线绵延，港湾错杂，岛屿星罗棋布。风光融山海川岛于一身，旖旎妖娆，秀丽迷人。

福鼎的气候、土壤和丰富优质的水资源，也为一方物种的发育、生长、繁衍创设了良好的先天条件。

先说气候。福鼎地处中亚热带季风气候区，海洋性气候特征明显，全年气温适宜，年平均气温18.5℃，降雨量1669.5毫米，相对湿度80%，山区平均无霜期228天，夏无酷暑，冬无严寒，降水丰沛，空气清新。

次说土壤。福鼎境内土壤含红壤、黄壤、紫色土和冲积土等类别，pH 值（酸碱度）介于 4～6.3，普遍在 5 左右。这个数值有什么含义呢？这么说吧，土壤肥沃又偏酸性，是出好茶的根本，换一句话说，福鼎全境土壤都适合种茶、出好茶。

再说水资源。福鼎境内溪流交错，水资源丰富且水质优良，全市淡水水域面积 1340 平方千米，年平均水量 16.856 亿立方米，其中地下水为 5.5 亿立方米。科学化验检测显示，福鼎境内的水质，重金属及有害微生物细菌含量低于有机农产品环境标准。

如果对这种表达不太容易理解，那就说两件事。2010 年 3 月，自北向南纵贯福鼎城区的桐山溪飞来两只鸿雁，它们在这里定居产卵、繁育后代。鸿雁是国家二级野生保护动物，对环境的清洁度尤其敏感。与它们一样特别爱干净的白天鹅，也曾夫唱妇随、携妇将雏在桐山溪上栖居，由此成就了一段全城保护天鹅行动的佳话。

桐山溪位于福鼎城区，尚且能保护如此优良的水质，更何况乡村、山区？2011 年 8 月间，专家在太姥山九鲤溪景区的峡谷中，发现了大量濒危物种桃花水母。这是非常古老的生物，唯其古老，对环境质量的要求十分苛刻，太姥山区原生态的水域和周围自然环境，对于它们来说是不可多得的宜居家园。

桐山溪

地理、气候、土壤、水源，共同创造了福鼎优良的生态环境。市境内植被丰厚，森林覆盖率达 65% 以上，一年四季绿意葱茏。空气质量保持优良，在福建省内长期居于前列。这是一方适宜人类居住的福地，境内的马栏山、棋盘山等多处古人类社会生活遗址告诉人们，早在新石器时代，即有闽越先人在福鼎境内生活、繁衍。而优良的生态环境也成为孕育、孵化茶树良种的温床，这片土地哺育了多个茶树良种，其中福鼎大白茶、福鼎大毫茶无疑是其中的杰出代表。

唐代陆羽《茶经》载："永嘉县东三百里有白茶山。"据考证"白茶山"就在太姥山，"白茶"就是太姥山鸿雪洞的"绿雪芽古树"，现在的福鼎大白茶始祖，太姥山就在方家山。方家山村是一个畲族聚居地，"畲山无园不种茶，山上无茶不成村"。方家山村借助海拔高、常年云雾缭绕等得天独厚的地理区位，从挖掘畲族传统茶叶加工工艺入手，大力发展白茶产业。全村 247 户、867 人，涉茶收入占到全村收入的 70% 以上。

目前，方家山村少数民族人口占一半以上，2005 年被宁德定为重点抢救畲家文化村，其中"三月三畲歌节"为福鼎市级非物质文化遗产。村里还引进福建天湖茶业有限公司、方守龙白茶山茶叶研究基地，组织村民成立十多家农民专业合作社，组建了方家山畲族生态白茶合作社联合社。"未来，我们要结合美丽乡村建设，借助白茶小镇，把茶叶和旅游结合在一起，引进更多的茶叶商家，入驻我们村，使老百姓更加富裕。"村书记林瑞怀说。（钟而赞　雷顺号，2017.6）

太姥留香

既然它生在佛教名山中，"绿雪芽"茶名的来由，多半与空门僧人有关。据侍茶者介绍，它正是隋末唐初太姥山茶僧所取，其称谓同太姥山独特的自然气候条件密切相关。

我忽然联想到徒步太姥山之时所见的情形，它生长于花岗岩丘陵地形上发育的峰林地貌的崇山峻岭之中，掩映于楠樟棕竹等千嶂叠翠的山林之间，春华夏茂，历霜浸雪润。每逢农历十一月，瑞雪降临；到了隆冬，高景区与中山区森林尽被白雪覆盖；次年清明时节，茶园中白雪尚未融尽，在昼夜温差悬殊的情况下，雪野下发出的新芽若开若合，次第绽放于高山密林之间，远望似白雪翡翠，晶莹灵动，鹅黄嫩绿，楚楚动人。

虽然它没有"大红袍""碧螺春"那样名重当时，可它照样也像传奇般的人物一样进入了人们的视野，一提到这个充满诗意的芳名，就会令人浮想联翩。

既然是稀世珍宝般的茗茶，它迟早都会被发掘利用。相传尧时蓝姑种蓝（蓝草，其汁色蓝，榨之以染布帛）于山中，逢道士而羽化仙去，故名"太母"，后又改称"太姥"。闽人称"太姥"、武夷为"双绝"，浙人视"太姥"、雁荡为"昆仲"。据陆羽《茶经》载："永嘉县东三百里有白茶山。"据考证，此"东"为"南"之误，"南三百里"即太姥山。这是古代文献中对太姥山茶做出的较为详细的记载。

很多事物最初并非都是金石玉器般贵重显赫，都是需要经过人为的点睛和渲染。兰质蕙心的绿雪芽，不知何时与民间的大儒、大贤扯上了关系，并缔结金兰；加之它仙风道骨般的飘逸和神秘万端的隐居环境，一经传到诗坛圣手的口中，立即就被点石成金，化为传奇了。

从茶叶发展历史而言，白茶是最早的茶类。上古时代，人们最初发现白茶的药用价值后，把鲜嫩的茶芽叶晒干保存起来，用于祭祀、治病等用，这就是中国茶叶史上"白茶"的诞生。

在福鼎，上古民间即有的生晒茶法，崇山峻岭中的福鼎山哈人（畲族原住民）早就代代延续。福鼎畲族人至今保留称为"畲泡茶""白茶婆""老茶婆"的土茶，取茶树粗叶晒干，置于瓦罐中煮饮，接近寿眉，陈者更作药用。其后，太姥山中与文人交往的僧侣，或用山中野生茶树或菜茶细芽，制出更精致更美的"白毫银针"，只是产量不大。

周亮工（1612-1672年），江西金溪人，明末清初文学家、篆刻家、收藏家。周亮工生于南京一户官宦人家、书香门第。明崇祯十三年（1640年）考中进士，1641任山东潍县县令，1644年升为浙江道监察御史；1644年李自成破京师，投缳自杀未遂；1645年归降清朝后任两淮盐运使，1646年升淮扬海防兵备道参政，1647年为福建按察使，兼摄兵备、督学、海防三职，镇压反清复明屡建奇功，1649年升任福建右布政使，治闽有方、颇得民心，升福建左布政使。然而仕途险恶，周亮工曾两陷囹圄，好在遇难呈祥、逢凶化吉。

周亮工在闽12年，为官8年，受审4年。人云：诗穷而后工。也许正是两次牢狱经历成就了他的文学成就。他所著《闽小记》虽薄薄一册（仅35 000字），却对福建各地的风土民情、物产习俗和人文景观，都做了详细记载，对后人了解明末清初福建当时的社会物产和民情大有裨益。清嘉庆年间，白毫银针还一度成为英国女皇酷爱的珍品，茶香悠远、经久不衰。

周亮工在《闽小记》中载："绿雪芽，太姥山茶名。"民国文

周亮工竹枝词石刻

人卓剑舟所著《太姥山全志》进一步指出："太姥山古有绿雪芽，今呼为白毫，色香俱绝，而尤以鸿雪洞产者为最。性寒凉，功同犀角，为麻疹圣药。运销国外，价同金埒。"译文如下：福建太姥山古代有一种绿雪芽茶，现在称白毫茶，颜色和香气都很棒，特别是鸿雪洞附近的最好，洞边的茶叶茶性寒凉，功效和犀牛角相同，是治疗麻疹病的好药，已远销国外，价格贵如黄金。文章很短，仅46字，说明了太姥山白茶今昔名称、颜色香气、最佳产地、茶性、保健功效、医疗用途、销售市场和销售价格，言简意赅，通俗易懂。周亮工在《闽茶曲》中还写道："太姥声高绿雪芽，洞天新泛海天槎。"意思是：太姥山绿雪芽名气大，进军国内外市场的希望之舟将从鸿雪洞起航！周亮工再次提及太姥山、鸿雪洞，并看好白茶的市场前景。

有时，我的头脑不知不觉总会闪现出一种偏见，像品茶这种高雅的韵事如果有了钱塘大才子田艺衡的身影，中国有关茶的历史必定会锦上添花。明朝末年，田艺衡任应天（今南京）府学教授，曾访问讲学于杭州各大书院。一日与众公大人阅卷于钱塘江口的望海楼，喜获文友送来的"绿雪芽"，于是大家动起手来，从凤凰山上采来了桑柴，汲来了惠泉的甘露，亲自煎煮。沸水一沏，一层池状泡沫浮于水面，如雪初溶，顿时茶香满楼。他想到这是从远在千里之外的天下名山太姥山送来的好茶，灵感顿生，大笔一挥，写下了《煮泉小品》一文："芽茶以火作者为次，生晒者为上，亦更近自然，且断烟火气耳……生晒茶沦之瓯中，则旗枪舒畅，青翠鲜明，诚为可爱。"

明朝《广舆记》载："福宁州太姥山出名茶，名绿雪芽。"当然，这其间还多亏了明代文人谢肇淛，才得以让绿雪芽的美名登峰造极。谢肇淛所著的《太姥山志》描述了当时太姥山茶园的种植景象："太姥洋在太姥山下，西接长蛇岭，居民数十家，皆以种茶樵苏为生。白箬庵……前后百亩皆茶园。"他的游记《五杂俎》则记录了太姥山产茶叶："闽之方山、太姥、支提，俱产佳茗，而制造不如法，故名不出里闬。"他的另外一篇游记《长溪琐语》则记载了太姥山茶叶的制作方法："环长溪百里，诸山皆产茗。山丁僧俗半衣食焉！支提、太姥无论，即圣水、瑞岩、洪山、白鹤，处处有之。但生时气候稍晚，而采者必于清明前后，不能稍俟其长，故多作草气而揉炒之法，又复不如卤莽收贮，一经梅伏后霉变而味尽失矣！倘令晋安作手取之，亦当与清源竞价。"

虽然我不能确定历史上每个著名的文人墨客都与茶有着不解之缘，但可以肯定的是，自古以来，大抵文人墨客都喜欢茶，这是他们生活中的一大乐事，一件韵事，一种脱离了低级趣味的高雅快事。品茗为他们的生活增添了无限情趣，增进了心性修养，在韵味十足的品茶酝酿过程中，借茶咏怀，一篇传世之作便应运而生。

好像绿雪芽一诞生在这个世界上，就被蒙上了清新、典雅、神秘的面纱。它与大儒、大贤每一次思想的切磋和心灵的碰撞，不仅有许多经典名篇传于后世，还会在史册上载入传奇的佳话为人称道。

在外人看来，它是在汉武帝封太姥山为"天下第一山"的、太姥娘娘的金身道场中生长出来的，它得天独厚的自然气候优势，别的茶根本无法企及。可是，它并不甘于这种现状，它总要在耳濡目染、熏陶教化中试图给自己沾点佛门道家的灵气、太姥山的秀气、先贤的才气，吸引着神来之笔的泼墨渲染，越发让人心驰神往。

在以福鼎为中心的闽浙边界一带，千百年来一直流传着太姥娘娘种茶治病的神话传说。

太姥娘娘煮茶治病图

　　某年，太姥山区麻疹流行，危及许多小儿生命。山下才堡村的蓝姑看在眼里急在心上，日思夜想求药治病的办法。精诚所至，感动神灵，某夜有仙人梦中指点，告知太姥山中有一株奇树，芯叶可以医治眼前病患。蓝姑随即入山，攀石越岭，披荆斩棘，终于在鸿雪洞顶找到这株仙树，采叶制茶，冲泡煎熬，供病儿服食，治愈了疾病，消弭了疫情。

　　蓝姑即太姥山的神灵太姥娘娘。有关太姥娘娘身世的传说有多个版本，但不论是哪个版本，都说到她种茶制茶医治麻疹患儿造福桑梓的故事，乡亲们感念她的恩德，爱她敬她，她便在历代的口口相传中逐步神化为心怀大爱、伟力无穷的上天人物，成为太姥山神，岁时享祭祀供奉。

　　太姥山一片瓦景区鸿雪洞顶的绿雪芽古茶树，历经千年风霜雨雪，甚至曾遭过刀斧之灾，至今仍枝叶葳蕤生意盎然。今天，它已被《中国茶叶大辞典》收入《中国野生茶树种质资源名录》。人们相信，这株野生古茶树是"福鼎大白茶"的始祖，是传说中太姥娘娘当年发现并精心呵护、使之持久造福一方人民的仙树。

　　一片瓦得名于一个浅小的岩洞，由一方巨石叠架而成，是太姥娘娘栖居修道的场所。岩洞边还有一座小塔，为尧封太姥墓。太姥娘娘身世传说中有一个版本是其为尧帝母，遍访天下名山，独爱太姥山钟灵毓秀洞天福地，于是留在山中修道。"尧母说"凸显太姥娘娘生存时代久远，而据相关文献典籍，有关太姥娘娘的传说至迟在汉代即开始流传，因此当代学者普遍认为太姥娘娘应为闽越人的始祖母，被神话为上古女神。

在人类的幼年时代，茶首先是药。"神农尝百草，日遇七十二毒，得茶而解之。"一片树叶可以治病救人，先民们在发现茶的药用功能之初，一定十分惊奇和欣喜，以至视茶为神物，赋予它传奇的身世，演化为美丽的传说。太姥娘娘种茶制茶治病救人的故事，传递的是这样的确凿信息：以太姥山区为标志符号的福鼎，产茶历史十分悠久，或者竟与"太姥"一样古老；福鼎出产的茶孕育于这方山水，成就于一方人民。

一个见诸地方文献和当地人口口相传的故事，为"绿雪芽古茶树是福鼎大白茶的始祖"提供了佐证。清光绪年间，点头镇柏柳村村民陈焕在太姥山中发现了一株奇异的茶树，嫩芽遍披茸毫，雪白晶莹，便挖回家精心加以培植、扩种，先是在本乡，而后逐渐在周边地区推广，成为点头、白琳、磻溪等地茶农的当家品种。

农家日晒白茶

这是"福鼎大白茶"身世的另一个版本。据说陈焕在太姥山中发现古茶树，进而培育出福鼎大白茶，得到了太姥娘娘的指点。他是一个孝子，终年勤耕以求给予父母一份丰赡的日子，却因土地贫瘠，一分耕耘难求一分收获，以致生活困窘，衣食有虞。太姥娘娘有感于他的孝心，托梦指示，让他前往太姥山中寻找一棵仙树，取种培植，推广种植，可以发家致富，可以造福桑梓。

晚清光绪一朝至今不过百余年，而早在唐人陆羽的《茶经》里，就已有福鼎产白茶的记载。《茶经》说：永嘉县东三百里有白茶山。专家考证，白茶山即出产福鼎白茶的太姥山。此后，福鼎当地农民种茶制茶、福鼎茶叶远销全国乃至海外的记载便不绝于书。由此，我们或许可以得出这样的结论：在陈焕之前，福鼎大白茶树种在这方土地上已经生长了很久，且已经为当地农民所认识、利用，成为营生产业，并为域外所知；而陈焕，应该是一个为推进茶树品种和加工工艺的改良、创新做出大贡献之人。

神话也罢，民间传说也罢，也许是人们感恩心的一种表达，感激上天对福鼎的赐予；或者是人们对物种与山水的朴素理解，福鼎大白、福鼎大毫这两个国家号优良茶树品种，是太姥山所代表的福鼎这方土地的独特创造。（钟而赞，2018.6）

东方仙草

　　从来名山产名茶，太姥山区得天独厚的自然生态，孕育了品质优良的两种茶树——福鼎大毫茶和福鼎大白茶；独具特色的风土又哺育了一方人文，崇尚自然、和谐的福鼎人以独特的工艺创造了独步天下的福鼎白茶。它与山的结缘和相知，演绎成一个传唱千年的美丽神话，它因山获得滋养，山因它而更灵秀、更蕴藉。

　　第一次听到它，读到它，就醉了。"绿雪芽"——是哪位天人，创造了这样一个美得让人眩晕的名字？

　　那一片芽芯，抖擞着精神，亭亭玉立在绿叶之上，如翡翠玉针，却浅浅地披着一层白毫，沾琼带露，欲语还羞，莹润，通透，轻盈，神秘，简直就是一个个惹人怜爱的小小精灵。

　　几乎就要相信，对它的命名，来自太姥娘娘。太姥山一片瓦景区鸿雪洞的石壁上以清雅的字体镌刻的"绿雪芽"，仿佛天生。

　　周亮工在《闽小记》中记载："太姥山有绿雪芽茶。"周亮工为明末清初人，在他的时代，太姥山和绿雪芽之名"古已有之"，且已盛名远扬，甚至太姥山鸿雪洞顶的那株古茶树和附着于它身上的美丽传说，它神奇的药用功效和市场知名度、价值，已经不限于国内，而走出国门了。

　　在周亮工时代，绿雪芽又多了一个俚俗而朴素的名字，叫白毫茶。与绿雪芽一样，这个名称也一直流传到今天。在我看来，它们暗示了一个历史事实：明清时期乃至更早，福鼎大白茶和福鼎大毫茶这两个优良茶树品种已在福鼎广为种植，之前有如仙草圣药一般的绿雪芽，已经成为当地百姓的重要经济作物。

无论是唐陆羽的"白茶山"，还是周亮工的"古有绿雪芽，今呼白毫"，都证明了福鼎大白茶、福鼎大毫茶是福鼎这方水土的原生物种，早在千年之前即为人们所发现并加以开发利用。在长期的培育种植实践中，品种又不断得以改良、提升，不断获得更大的市场和更大的知名度。

选择不同的芽叶组合而制作，形成了福鼎白茶的不同名品。"白毫银针""白牡丹""贡眉""寿眉"，听到这些名词，会想到什么？如银针玉立，如牡丹花开，如皑皑长眉，散发出纯净的色泽，蕴藉着飘逸的情思。这样的好茶，即使在那个步行牛马走时代，也已经名扬天下，1915 年，白毫银针在巴拿马万国博览会捧回金奖，只是其中的一次罢了。

民间和市场的认可来自生活实践，给予权威认定的是科学论证。1965 年和 1973 年，福鼎大白茶、福鼎大毫茶两度被全国茶树品种研究会确定为全国推广良种，并列为全国区域试验的标准对照种；1985 年，福鼎大白茶、福鼎大毫茶同时被全国农作物品种审定委员会认定为国家品种，编号分别为 GS13001—1985，GS13002—1985，俗称为"华茶 1 号""华茶 2 号"。

在《中国茶树品种志》中，"福鼎大白茶""福鼎大毫茶"被列在 77 个国家审定品种的第一位和第二位，书中对它们做了下面这样的论述。

福鼎大白茶：

又名白毛茶，简称福大。无性系，小乔木型，中叶类，早生种。原产福鼎市点头镇柏柳村，已有 100 多年栽培史，主要分布于福建东北部茶区。20 世纪 60 年代后，福建和浙江、湖南、贵州、四川、江西、广西、湖北、安徽、江苏等省区大面积栽培。

特征：植株较高大，树姿半开张，主干较明显，分枝较密，叶片呈上斜状着生。叶椭圆形，叶色绿，叶面隆起，有光泽，叶

福鼎大白茶及茶芽

缘平，叶身平，叶尖钝尖，叶齿锐较深密，叶质较厚软。芽叶黄绿色，茸毛特多，一芽三叶百芽重 63 克。花冠直径 3.7 厘米，花瓣 7 瓣，子房茸毛多，花柱 3 裂。

特性：春茶萌发期早，芽叶生育力强，发芽整齐，密度大，持嫩性强。一芽三叶盛期在 4 月上旬中。产量高，每亩可达 200 千克以上。春茶一芽二叶干样含茶多酚 14.8%、氨基酸 4.0%、咖啡碱 3.3%、水浸出物 49.8%。

适制红茶、绿茶、白茶，品质优。制烘青绿茶，条索紧细，色翠绿，白毫多，香高爽似栗香，味鲜醇，是窨制花茶的优质原料；制工夫红茶，条索紧结细秀，色泽乌润显毫，香高味醇，汤色红艳，是制白琳工夫之优质原料；制白茶，芽壮色白，香鲜味醇，是制白毫银针、白牡丹的原料。抗性强，适应性广。扦插繁殖力强，成活率高。

福鼎大毫茶：

简称大毫。无性系，小乔木型，大叶类，早生种。原产福鼎市点头镇汪家洋村，已有百年栽培史，主要分布在福建茶区。20 世纪 70 年代后，江苏、浙江、四川、江西、湖北、安徽等省区大

福鼎大毫茶及茶芽

面积栽培。

　　特征：植株高大，树姿较直立，主干显，分枝较密。叶片呈水平或下垂状着生，叶椭圆或近长椭圆形，叶色绿，富光泽，叶面隆起，叶缘微波，叶身稍内折，叶尖渐尖，叶齿锐浅较密，叶质厚脆。花冠直径 4.3～5.2 厘米，花瓣 7 瓣，子房茸毛多，花柱 3 裂。

　　特性：春茶萌发期早，芽叶生育力强，发芽整齐，密度大，持嫩性较强。芽叶黄绿色，肥壮，茸毛特多，一芽三叶百芽重 104 克。春茶一芽二叶干样含茶多酚 17.3%、氨基酸 5.3%、咖啡碱 3.2%、水浸出物 47.2%。产量高，每亩可达 200～300 克。

　　适制红茶、绿茶、白茶。制烘青绿茶，条索肥壮，色翠绿，白毫多，香气似果香，味醇和；制工夫红茶，条索肥壮显毫，色泽乌润，香高味浓，汤色红浓；制白茶，外形肥壮，白毫密披，色白如银，香鲜爽，味醇和，是制白毫银针、白牡丹的优质原料。抗性强，适应性广。扦插繁殖力强，成活率高。

　　即使生长于同一个家园，汲取同一方水土的营养，天生丽质却也自有所得，各领风骚。细细分辨，就发现，两者的品质相差不大，差别在于产量。然而，一旦移居异乡，品质却大打折扣，以之为原料生产的茶叶品质也远远不如福鼎本地所产。正所谓一方水土一方物产，福鼎白茶从它的源头原料到制作工艺，都深深打上了福鼎的烙印，成为福鼎的独有物种的同时也成为地方人文的标志性符号。

细细端详，你便能注意到福鼎大白茶和福鼎大毫茶芽叶的差异，后者叶质更肥厚、丰盈，针芽更壮硕、坚挺。如果把大白茶比作小家碧玉，纤巧而清弱，后者则多一份大家闺秀的气度，雍容而丰赡。

福鼎大毫茶发芽早，清明前后的头春茶，采摘后两三天便又长出新芽。新芽芽叶肥壮，遍披白毫，色白如银，芽茸毛厚，色白富光泽，且含有一些特别物质，经过福鼎白茶加工工艺制为成品茶后，毫香蜜韵，同时还有花香、果香味。

福鼎陆域面积 1461 平方千米，全境宜茶，这方福地不仅孕育了福鼎大白茶、福鼎大毫茶两个国优茶树良种，还有歌乐茶、早逢春、翠岗早、福云 6 号、福鼎菜茶等丰富的茶树良种。这些都是茶树的芽叶，都是福鼎白茶的原材料。而其中佼佼者，当然非福鼎大毫茶莫属。

在福鼎，不仅茶科技工作者、茶叶加工工艺师，就是茶农也知道，福鼎大毫茶是制作福鼎白茶的最佳材料。他们会对你说：福鼎大毫茶就是天生做福鼎白茶用的，尤其是制作福鼎白茶中的上品白毫银针和白牡丹。

福建农林大学教授袁弟顺在《中国白茶》一书中这样描述福鼎大毫茶的白毫："白毫是构成白茶品质的重要因素之一，它不但赋予白茶优美的外形，也赋予白茶毫香与毫味。白毫内含物丰富，其氨基酸含量高于茶身，是白茶茶汤浓度与香气的基础物质之一。"

茶农们对大毫茶的钟爱则要质朴得多了。他们会告诉你，大毫茶春茶萌发期早，芽叶生育力强，发芽整齐，密度大，茶园管理也不复杂。清明前后的头春茶，采摘后两三天便又长出新一茬新芽。发芽早意味出产早，芽叶肥壮、发芽整齐且密度大，意味产量高，茶园管理不复杂，意味成本小，综合起来一句话，就是早出产、多出产、效益好。

就像天然璞玉需要人类的雕琢与打磨一样，茶最初作为野生植物，它成长为一种造福人类的经济作物，成为滋润人类生活的优良饮品，是一个对原生的品种不断进行培育改良、对制茶工艺不断探索改进的过程。

福鼎茶叶短穗扦插发明人之一郑秀娥介绍，福鼎大毫茶是在选择插穗母树时发现其具有优良品质，以后就不断繁殖扩大，成为高产优质良种，经鉴定其制白茶的品质特征比福鼎大白茶更好。

早在 1958 年，福鼎大毫茶经过国家鉴定后便开始向全国推广。然而，它却特别依恋自己的母土。老茶人陈方田回忆，他曾把福鼎大毫茶茶苗推广到安徽、浙江、江西、江苏等地，并在当地种植加工，但移种后生长出来的茶叶品质、芽毫粗壮度与制作后的成品茶远远不如福鼎本地所产。

"淮南之橘，淮北为枳"的典故说的是物种与环境的不可分割，恰恰可以用来比拟福鼎大毫茶与福鼎这方水土相互依存的密切度，这也成就了福鼎白茶原材料品质的地域唯一性。

当福鼎白茶公共品牌越来越响亮、越亮丽，当福鼎白茶产业在繁荣农村经济、致富一方百姓中发挥着越来越大的作用，福鼎大毫茶的加快推广种植也就成为必然。尤其是近十来年，在政府的推动下，福鼎大毫茶种植面积不断扩大，并取代福鼎大白茶成为福鼎茶产业的主栽品种。资料显示，在 20 世纪 70 年代之前，福鼎境内主栽茶树品种是福鼎大白茶，今天，福鼎全市拥有茶园面积达 20 多万亩，主栽品种变成了福鼎大毫茶，占比达 80% 以上。

"四千多年天昭昭路遥遥传承至今，我开始意识到，在这个生命力极强的民间传说中流淌着一个源远流长的茶叶起源的故事。"这是作家王宏甲对福鼎白茶穿越时空的体悟，2009 年 7 月，他为太姥山的奇秀，为福鼎白茶的神韵，为太姥娘娘的美丽传说而陶醉，仿佛因此得到天启，油然而生追溯茶叶之源和属于它的历史长流的愿望。或许王宏甲所追溯的，不仅是茶叶生产的源头和它的历史，更是对人类文明创造历史的深情回望，它被托付于一枚如绿雪银针的白茶芯叶，却被赋予无限的人文情怀。（钟而赞 雷顺号，2018.5）

茶叶江山

　　一片太姥山的茶叶，从它带着清晨的露水被采摘到茶农手中开始，就走上了一条海上丝绸之路。它被卖到附近的集市，换了主人，在那里，被品评，被装运，接着翻山越岭、舟车川流，从沙埕港起运，一路南下到广州，集装成箱，开始长达半年的海洋之旅。等到伦敦消费者冲泡这片叶子的时候，最早都已是炎炎夏日，春天的气息只能在唇边荡漾。

　　英国人把茶叶亲切地称呼为"香草"，它来自中国，那是一个梦幻的国度，生产丝绸，有着悠久的历史和文明。

沙埕港

宾汉在《远征中国纪实》的序言里说道:"几个世纪以来,我们与中国的交往纯粹是商业上的。直到 1840 年,新的时代开始了,这个强大的东方国家与西方世界的人民发生了激烈的冲突。此前中国一直把西方当作半开化的野蛮人,用一种香草交换我们的产品,这种香草如今已经成为我们生活中的必需品,它的芬芳充满了使人欢快而不使人迷醉的茶杯。"

欧洲有关茶的记载开始于 1559 年。1678 年,荷兰人威廉·坦恩·里安(William Ten Rhijne)描述并向西方引入了第一批茶树样品。

梳理《茶叶全书》《茶叶帝国》等书籍可以发现,茶在 1610 年第一次抵达阿姆斯特丹,17 世纪 30 年代抵达法国,1657 年抵达英国。当时,茶被"事先泡好后放在木桶里,有顾客要时,从桶里舀出来,加热后端给顾客"。这一时期的茶里可能不加牛奶。实际上,和很多诞生于欧洲本地的新发明一样,茶吸收了当时欧洲已有的技术——被当作一种热啤酒,盛装在大木桶里。威廉·乌克斯(1873—1945)所著的《茶叶全书》讲道:"白毫工夫茶制工精良……白毫茶是福建出产,在形式上,乍看好像一堆白毫芽头,几乎全为白色,而且非常轻软,汤水淡薄,无特殊味道,也无香气,只是形状非常好看,中国人对这种茶常出高价购买。"由此可见,毫香早就被美国人所推崇,外形漂亮的白毫银针在出口红茶箱中用于撒面增加美感。1912 年,白毫银针独立作为花色品种出口,之后白牡丹及大众化白茶开发出来。第一次世界大战前,福鼎和政和两县年产各 1000 石,也是福鼎茶商梅筱溪、梅秀蓬们周游南洋做茶生意的年代。

在 17 世纪 60 年代,英国的茶叶广告词是"一种质量上等的被所有医生认可的中国饮品;中国称之为茶,其他国家称之为 Tay 或 Tee"。当时出售茶叶的地方是皇家交易所(Royal Exchange)附近的 Sultans Head 咖啡馆。

17 世纪初,茶叶的饮用开始在欧洲流行,欧美各国纷纷与我国进行茶叶贸易。就在这茶叶大兴的年代，历史的契机悄悄叩开了太姥山的门扉，福鼎白茶便"运售国外，价同金埒"。清嘉庆年间，白毫银针还一度成为英国女皇酷爱的珍品，茶香悠远、经久不衰。

对于没有来过中国本土也没有见过茶树的英国人来说，茶是一种神秘的饮品，有着悠久的历史和奇特的制法。在他们看来，不管是白茶或绿茶，还是红茶，都犹如圣水，令他们梦寐以求。这个时期，他们对白茶可谓一无所知。

但后来英国人唯独清楚了一件事。那就是比起绿茶来，红茶更符合他们的口味，喝红茶加点白毫银针更显高贵。

这也和英国的水质有关。伦敦的水，硬度高，所以泡绿茶的话，只有茶色会变浓，而茶味茶香就清淡了许多。特别是单宁酸（儿茶酸的一种）是茶涩之源，而伦敦的水让其无法释放，所以味道就少了点什么，没那么过瘾了。

较之绿茶，红茶的单宁酸含量多，用同样的水泡出来，涩味更重，而伦敦的硬水可以中和这种涩味，泡出极佳的茶香来。而白毫银针的汤色杏黄清澈，滋味清淡回甘，所以欧洲人对杏黄色的白毫银针茶可能会感觉更加亲切吧。

进入 18 世纪，白毫银针的需求量日益增加。据角山荣的《茶的世界史》记载，最初绿茶占了多半，而 18 世纪 30 年代以后，白茶的需求量猛增。

白茶的品种中，以白毫为最优。茶叶全部是刚发出来的嫩芽，形状似针，表面有一层细茸毛。这种茸毛叫作白毫。如果茶叶中含有大量的密披白毫的鲜嫩茶芽，那么这种茶可称为"白毫银针"。

白毫银针由王妃带进宫廷，流行于贵族之间，在咖啡馆成为绅士们的嗜好，并最终向新兴的资产阶级以及中流阶层的人们渗透，随之，英国的茶叶输入量也迅猛飙升。

英国人买茶，历史上很长一段时期都得仰仗荷兰，而自从

1669 年禁止从荷兰进货以来，英国开始真正地开展本国的茶叶贸易。当时在厦门和澳门已经设有英国的商馆，所以英国人开始直接从中国进口茶叶。在这里，英国人知道了福建省制作的轻微发酵茶——白毫银针，并且喜欢上了这种轻微发酵茶，于是，英国对茶叶的需求量加大，相应的输入量也就大了，不久，超过了从爪哇巴达维亚（今雅加达）购茶的荷兰。

18 世纪的英国人迷上了白毫银针，需求量激增。时值清朝鼎盛时期，自恃中国地大物博的乾隆帝，采取闭关锁国政策，1757 年对外贸易的窗口只有广东。但这似乎并没有阻碍英国对茶叶的进口，设有英国商馆的厦门和澳门靠近广东，崇尚福建茶叶的英国人，其茶叶输入量一路增长。

自从 17 世纪英国的咖啡屋开始售卖茶品，茶不仅流行于宫廷，也开始向民间普及，随后英国便直接从中国进口茶叶，而得知福建省的白毫银针（白茶）之后，18 世纪英国对茶叶的需求量更是日渐增长。

19 世纪初，唐宁发明了格雷伯爵红茶，但并未注册商标，所以其他店铺也可以将带有毫香的白毫银针白茶作为"格雷伯爵茶"出售。

据福鼎文史专家周瑞光先生考证，明朝末年，郑成功曾编有仁、义、礼、智、信海上五行商，每行备船 12 只，同时设有金、木、水、火、土陆上五商，以杭州为中心，由户部管辖，时沙埕为山海五行商主要贸易站之一。从福鼎当地文献资料看，沙埕港是闽浙两地商船往来的中转站，从福州方向的货物往浙江需要换船航行，反之，也同样。

清五口通商后，闽东地区的茶叶基本通过三都"福海关"销往海外，唯独福鼎的茶叶通过沙埕港运至福州、上海再行出口。

《福鼎县乡土志》载："白、红、绿三宗，白茶岁二千箱有奇，红茶岁两万箱有奇，俱由船运福州销售。绿茶岁三千零担，水陆并运，销福州三分之一，上海三分之二。红茶粗者亦有远销上海。"从商务表看，红茶、绿茶的产量高，白茶产量较低，换算后，白茶年销约 40 吨。

《宁德茶业志》载："光绪廿五年（1899）三都澳设立'福海关'，自此三都澳成为闽东茶叶出口的海上茶叶之路……1940 年，三都澳遭日军轰炸成为死港。"沙埕港却依然频繁有茶叶出口，这又是为什么？经考证，福鼎商人借外国商船为庇护，先后向英国德意利士轮船公司、怡和公司以及葡萄牙国飞康轮船公司雇用运输船，挂着外国旗帜，频繁地从沙埕港内抢运工夫红茶、白毫银针等。

新中国成立后，茶叶由国家统一管理，省、地、县成立茶叶公司，为专业经营管理机构。茶叶属国家二类物资一级管理，任何单位和个人不得插手收购、贩运。由此，茶叶作为国家统一计划物资，纳入国家各个时期经济发展规划。1949 年中国茶叶公司（简称中茶公司）在北京成立，茶叶的内外贸易均由中茶公司统一经营管理。新中国茶叶贸易基本以外贸出口为主，中茶公司统一领导全国茶叶产、供、销业务。1950 年中茶福州分公司成立（福建省公司前称），福建茶叶出口由中茶公司福州分公司下达计划统一调拨、运销。

从 1950 年起，福建省茶叶进出口公司在闽东、闽北茶区建茶厂或设立走点，茶厂统一管辖茶叶收购、加工、运销、调拨业务，收购毛茶，调拨给茶厂加工精制，然后按出口任务由茶厂将精制茶装箱后运往福州或上海口岸出口。随着公路通车后，出口的茶叶由精制厂直接运往福州省公司外贸茶厂集中加工、出口销售。计划经济时代，茶叶实行国营、集体、个体按茶类比例收购。白茶由国营统购，严禁私商贩运，产区茶商必须经工商部门审批，才可在当地合作社管理下收茶，茶农自产自销茶叶由区、乡政府出具证明限量销售。每年白茶生产计划由福建省茶叶进出口公司下达，定点生产：白牡丹由福鼎茶厂、建阳茶厂、政和茶厂生产；贡眉、寿眉由建阳茶厂生产；白毫银针、新工艺白茶由福鼎茶厂生产。产品由省茶叶公司统一包销。

1981—1985 年，人民政府提出"扩大对外贸易，调整茶叶结构，以销定产、以销促产、产销结合"的原则，实行"多渠道、少环节、快销快运"的经营体制，实行计划调节与市场调节相结合的方针。

1984 年秋，根据国务院 75 号文件精神，茶叶产销运彻底放开，实行多渠道、多层次、多形式开放的茶叶流通体制，国营、集体、个体一起上，参与收购、加工、销售的市场经济。

1985 年，茶叶流通体制放开，实行多渠道经营。之后，茶叶出口除由主渠道茶叶进出口公司专营外，还于 1988 年经省政府批准，地区外贸公司、市、县外贸公司获国营进出口经营权后，也开始经营茶叶出口。

1986 年以后，茶叶市场开放，市场经济促使福建茶叶转入巩固发展时期。乡镇茶厂、私营茶厂发展较快。由于白茶市场的特殊性，白茶的出口始终依托专业公司。在六大茶类中，唯白茶为福建特有茶类，所以中国白茶出口仍然以福建省为主，由福建省茶叶进出口公司在福州口岸出口。

直至 1990 年后，广东省茶叶公司到闽东、闽北地区采购少量白牡丹，出口到我国香港、澳门地区。福建的一些茶厂也开始自行通过各种渠道将白茶出口至香港、澳门地区。尤其是进入 21 世纪后，茶厂改为公司，有了自营出口权，一些白茶工厂通过广东茶叶公司代理直接将白茶出口到香港、澳门地区，对专业茶叶公司的白茶海外拓展带来了很大冲击。因为从香港、澳门地区的消费形式看，白茶消费对象主要在酒楼、茶楼，从地理位置看，香港、澳门地区市场距大陆近，交通便利，来去方便。这样茶厂加工白牡丹量增加，厂家直接供货，以其低价和快捷、方便的交货方式，抢夺市场、抢夺客户，甚至抢夺二盘商和酒楼的终端客户，导致低价冲击市场，市场竞争激烈。经营茶叶的专业公司竞争力显然不如个体茶厂，主渠道出口销售体现出逐渐减少的态势。

受白牡丹低价冲击，市场萎缩，贡眉逐渐退出香港、澳门地区市场。同样，新工艺白茶也逐渐被白牡丹取代。

随着日本市场白茶水饮料的研发，欧盟、北美市场白茶袋泡茶进入超市，日本、欧盟、北美市场白茶销售稳中略增。但近几年日本、欧美等国家纷纷设置新的农残卫生壁垒，对农残限量指标要求越来越高，项目越来越多。福鼎茶区加强茶农茶园管理和制茶技术培训，大力推行无公害茶叶生产，加强全程质量监管，有效地控制了茶叶中的农药残留。但限于出口业务人才、市场客户、语言等因素，出口以上国家的白茶基本仍以福建茶叶进出口有限责任公司为主，市场冲击相对较小。福鼎白茶产地少数厂家，先后获得国内外有机认证，有机白茶也逐渐进入日本及欧美市场。

随着白茶健康功效的研究、开发，以及人们生活节奏的加快，白茶袋泡茶成为新宠，从白茶中提取茶多酚、开发白茶茶水饮料、白茶提取物应用于护肤品等，深加工研究与应用正在进一步拓展其领域。随着人民生活水平的提高，人们对产品天然、安全、卫生日益重视，安全卫生的产品将会有更广阔的市场。

目前，福鼎白茶虽然由外销转向国内市场，但出口的国家依然在增加，主要国家有印度尼西亚、新加坡、马来西亚、德国、法国、荷兰、日本、美国、加拿大等。2011年4月29日，英国威廉王子与平民王妃凯特·米德尔顿大婚纪念茶——唐宁茶（TWININGS），就是由福鼎白茶（白牡丹）、格雷伯爵茶（Earl Grey tea）、佛手柑拼配而成。（雷顺号，2016.1）

乡愁如茶

清明时节，也是属于白茶时节。

"未至太姥山，先闻白茶香。"如果说，把白茶比喻成一棵参天大树，那它的根就深深地扎在福鼎。北纬27°是一个奇异的地方。也许是上苍偏爱，福鼎太姥山就处于这地球南北轴线的黄金分割点附近，奇异当然有的。譬如地球上独特的晶洞岩就在这里攒山弄水。它独有的成分，赋予了福鼎白茶独有的魅力。

白茶留香，皆因源头太姥山。若追"宗"白茶，我无法追溯到一千多年前"永嘉县东三百里有白茶山"的光景，但沿着一些脉络，比如说从山清水秀的线索，也能寻到入口。

"采茶人去猿初下，乞食僧归鹤未醒"（《玉湖庵感怀》）、"野猿竞采初春果，稚子能收未雨茶"（《太姥山中作》）。福鼎，不仅是一个能找到前世或来生的地方，还是一卷用茶水书写的白茶史书。太姥山，就是这卷史书封面上的印章。

对白茶故里的浮想生起，我似乎感受出福鼎山水的美丽，抑或磅礴。

在地图上，我可以轻易标出福鼎的经纬度，可到了之后才发现，这是心里的一个地方，打开心扉即可进来。

茶来茶去。福鼎白茶的采制，就是人们内心最渴望的味道在酝酿。

行走，固然有一世繁华，停歇又何尝不是一种睿智？从这里走出的人，心里有两个纠结，一个是福鼎山清水秀的诱惑，一个是对白茶刻骨铭心的喜好。在诗人眼里，出了福鼎，遇上的就是他乡故知。可一旦在白茶飘香前相聚，与谁又都是乡里乡亲的。

如果说，白茶山是福鼎这盏杯里泡出的山水人文，那么散出山水人文的，就是那些情意浓浓的白茶吧。

福鼎，是个极有福气的名字。福建有不少带"福"字的地名，省城福州就自称有福之州。"鼎"在字典中是"显赫，盛大"之意，"福鼎"所拥有的便是一种大福气了。

福鼎位于福建东北部，与浙江温州毗邻，是闽东南通往浙江乃至长江三角洲的"北大门"。奇山秀水和滨海岛屿构成了福鼎独具特色的自然旅游资源。福鼎盛产茶，陆羽《茶经》中说"永嘉县东三百里有白茶山"，这个类似于《山海经》的描述，说的就是福鼎的太姥山。

第一次到太姥山，时值雨季，太姥山中的奇峰怪石都隐藏在了缥缈的雨雾中。大家的心中不免有些失落。这时导游建议："看不清太姥的山，就用太姥丹井山的泉水泡白茶喝吧。"聊着聊着，这位导游神秘兮兮地拿出一小撮外表毛茸茸的茶叶。外表看起来并不起眼的茶叶经沸水冲泡，在玻璃杯中舒展开来，三浮三沉，一根根竖立着，一半漂浮在水面，一半渐渐沉淀到杯底。朋友介绍说这就是福鼎白茶的上品——白毫银针。自古名山出名茶，有这样的好山好水，喝着这样的好茶，无怪乎那位诗人能写出那么多美妙的诗句了。

远离故乡的日子，只要稍有闲暇，便静心独坐，撮些许带自故乡的白毫银针，放入杯中，沏一杯香茗。片刻，打开杯盖，斗室内茶香弥漫，宛如回到了故乡春日里的茶山。袅袅升腾的水汽氤氲，更似萦绕在我心头那浓浓的乡愁。

记忆中的故乡，总是典雅温婉风流缠绵，总是烟雨迷离富庶妖娆。"枯藤老树昏鸦，小桥流水人家……"那百转千回的乡间小道；流水潺潺的路旁小溪；丹青水墨般的绵延山峦。那葱茏滴翠的远山茶园以及背着竹篓披着红斗篷婀娜曼妙的采茶姑娘。仿佛从他乡游子的梦呓中醒来，从抑扬平仄的诗词中醒来，空灵缥缈，了无尘俗。

嘬一口香茗，茶汤在口中回旋，虽是齿颊留香，但那幽幽的清苦却如旅人恋乡的心境。"偷得浮生半日闲"，至于尘世的烦嚣，终于可以暂抛脑后。只是乡愁愈浓，乡恋愈深。

乡愁中最沉重的是老母亲的泪眼。"慈母手中线，游子身上衣。临行密密缝，意恐迟迟归。谁言寸草心，报得三春晖。"这沁入骨血的亲情总是让世上任何一种感情黯然失色。喝一口母亲亲手做的白茶，眼里总会浮现幼时承欢膝下时的甜蜜，只是嘴里白茶的苦涩味似乎又浓了一些。

很小的时候我就接触了茶，不是品茶，而是当作玩乐之余的饮料，年纪尚小，不懂茶事、茶道，只有一番牛饮。每日清晨，早起的母亲都会煮好一壶开水用来泡白茶，这似乎成了她的习惯，几十年如一日。

春季，我喜欢去乡间看茶。阡陌纵横，细雨斜风，古村苍旧，沿途景色如画。一日从峰峦间下来，饥肠如鼓，眼冒金星。一老太太看我们狼狈，留我们在她家小憩，煮腊肉、下挂面给我们"打尖"。饭罢捧茶来饮，异香盈室，清风灌喉。老太太说，这茶，宋元明清的皇帝爱喝，英国女王也爱喝，还送给俄罗斯、美国的高官品尝哩，听罢骇然。临别，老太太赠我一小包茶叶，我坚拒。这么贵重的礼物，断不敢轻易收受。

原来的乡野，有"奉茶"的习俗。村道蜿蜒处多小小的亭子，一副石桌，围一圈小石凳。桌上放着粗糙的茶壶，壶中茶水供过路人牛饮或小酌，分文不收。而今驿路茶亭了无踪迹，路边多了些"农家乐"，吃罢店主推荐的土菜，会有一大杯茶水送上来，绿意袅袅，香气氤氲，正待小呷之时，常能听到鸟叫或是鸡鸣，让人心头安静。

我小的时候，家中只卖茶草，并不制茶。头天摘的茶叶，晾在竹匾里，一夜香气不绝如缕。鸡叫头遍，母亲喊醒梦中的我，

畲族茶农

陪她去镇上卖茶草。东方未动，草木醇香，途中路遇之人，多是
卖茶的、卖菜的、卖柴的。镇上的茶贩子，提着马灯，别着小秤，
咋咋呼呼地吆喝着。卖完茶，母亲会去油条店买根油条让我吃，
而她径直去店里的水缸舀碗凉水喝。

　　如今，我居城市，除了空中一套按揭的房子，再无寸土立锥。
无茶可种，无茶可奉，但我爱写茶喝茶。有人说，现在写诗的比
读诗的人多，写茶的比喝茶的人多。我听了，笑，这样不好吗？

　　"竹下忘方对紫茶，全胜羽客醉流霞。尘心洗尽兴难尽，一
树蝉声片影斜。"三五同道闲坐茶楼，观窗外美景，聊快乐之事，
沏一壶香茗上桌，斟满面前的紫砂小盅，茶香扑面而来，口舌生
津，未饮先醉。茶性与人性相通，茶品与人品相合。

　　"从来佳茗似佳人"，盈绿的青春，妩媚的笑靥，却甘心把万
般柔肠、一身春色默默呈献，无怨无悔。像杯中的茶，在火烹水
煎中，舒展蛾眉，含笑起舞。幻化着山水的宁静和淡泊，诉说着
生命的沉重和轻盈，萌动着爱恋的执着和深沉。

　　乡愁如茶，这茶亦如人生。吸天地之灵气，采日月之精华，
在自己生命最为灿烂的时候，离开哺育自己的生命之树，经历了

晒青、萎凋、烘焙等诸多磨难后，蜷曲着身体，紧攥着昔日的美丽，为的是能留住自身的芳香。直到有一天，邂逅一杯沸水，承受一番凤凰涅槃般的洗礼后，终于得以再将自己曾经风华绝代的美丽展现，用力一吐最后的芬芳。于是我把这隐隐作痛的乡愁攥着，紧紧攥着。

当我的心迹踩在蜿蜒曲折的山间小道上，当我的思绪飘落在村口娉婷而来采茶姑娘的红斗篷上，当我的呼吸融进小山村温润的气息和诱人的茶香，当我的心灵暂别古筝独奏般的万壑千山，我便再也忍不住热泪潸潸，何时才能回到魂牵梦萦的故乡。

茶中有人心，一碗见人情。我会像父母亲一样，爱茶，敬茶，奉茶，把福鼎白茶，把茶，把家乡烙在心里，这是茶乡每个家庭爱的传承，一种难以磨灭的传承，是我们心中那份浓浓的乡愁。

一个写散文的老乡在离开福鼎时写道："独在异乡为异客，一杯白茶解千愁。"而我看到的是一片片鲜绿的叶子，它们在阳光中均匀地呼吸，在海风中恣意地飞翔，它们是绿色的梦，被采摘，萎凋，烘焙，自然氧化，直到最后被冲泡，静静地走过它们的时光，留给我们一生的回味和甘甜。（雷顺号，2010.5）

畲歌飞扬

"山上层层桃李花，云间烟火是人家；银钏金钗来负水，长刀短笠去烧畲。"唐刘禹锡在《竹枝词九首》中，用生动的诗句描画了畲家风情。

畲字，意为刀耕火种。畲族，是一个有着 70 余万人口，大分散、小聚居的民族，分布在闽、浙、赣、粤、皖、湘、黔七省的一百余个县（市）。

4 月 7 日，农历三月三，方家山第六届"三月三"畲歌会暨第二届白茶故里文化节在福鼎市太姥山镇方家山村畲族文化广场举行，畲族同胞穿着华丽的服饰纷纷从四面八方赶来，赶赴"三月三"这个盛大的畲族节日，体验独具魅

畲歌会

力的畲族风情和白茶文化。

随着大立鼓、中卧鼓、腰鼓等鼓声交错响起，《盛世锣鼓》拉开了畲歌会的序幕。舞蹈《盛世花开》、歌曲《白茶故里方家山》、提线木偶《春天畲乡采茶忙》……各种融合了白茶故里、畲族文化等元素的精彩节目轮番上演，将活动推向高潮。

畲族人自称"山哈人"，"山哈"是指山里客人的意思。畲族是一个有语言没有文字的少数民族，通用汉字。畲语属汉藏语系苗瑶语族，99%的畲语接近于客家语，但在语音上与客家语稍有差别，有少数语词跟客家语完全不同。

方家山"三月三畲族歌会"传承人钟金水说，作为畲族的传统节日，每年农历三月初三都要举行，祭祖先，拜谷神，吃乌米饭，款待来客，故"三月三"又称"乌饭节"。乌米饭是用南天烛、枫叶的汁液浸泡糯米后蒸食，形成黑色的米饭。相传唐代，畲族首领雷万兴和蓝奉高，领导畲族人民反抗统治阶级，被朝廷军队围困在山上。将士们靠吃一种叫"呜饭"的野果充饥度过年关，第二年的三月三日冲出包围，取得胜利。为纪念祖先，人们把三月三日作为节日，吃"乌米饭"表示纪念。

方家山村位于太姥山西南麓，海拔518米，下辖孔兰、后门

乌米饭

垅、横坑等 13 个自然村，全村现有 226
户 847 人，畲族人口占比达 52% 以上，有
钟、蓝、雷、李畲族，传承"三月三"歌
会民俗，于 2013 年列入宁德市第四批非
物质文化遗产项目代表性名录，2014 年列
入闽东畲族文化生态保护区示范点。

节日期间，畲族百姓聚集在一起，通
宵达旦盘歌，怀念始祖，沟通感情，整个
畲山，都沉浸在欢歌笑语中。

山歌，是畲族传统文化的重要部分。
畲族人婚嫁喜庆唱、逢年过节唱，生产劳
动、招待客人、闲暇休息、谈情说爱唱，
甚至丧葬悲哀时，也以歌代哭，倾吐衷肠。

畲族歌手李枝枝、钟丽华、钟灵通、
蓝岩宝为大家即兴演唱了畲族原生态民歌，
表达在白茶故里感受不一样的"三月三"
的美好心情。

李枝枝说，畲族民歌七字一句，四句
一首，讲究畲语押韵，不少人能即兴编唱，
有的歌手对唱一两夜而不重复。唱时用夹
有"哩、罗、啊、依、勒"等音的"假声"
唱，平时学歌时不夹假音唱叫"平唱"。山
歌有独唱、对唱和齐唱。畲族的山歌有叙
事歌、风俗歌、劳动歌、情歌、时令歌、
小说歌、革命山歌、儿歌、杂歌等。

"三月三"这个畲族同胞的传统节日，
俨然已是畲乡的一张名片。持续举办"三
月三"节庆活动，为当地茶业发展、乡村
振兴带来了契机。

畲歌男女对唱

活动期间，当地举办闽东畲族喊山祭茶典礼、宁德师范学院方家山教学实践基地挂牌仪式、方家山慈善基金会成立授牌、闽东畲茶文化研讨会等活动，茶企间还开展"斗茶赛"，"茶王"拍卖所得的2.8万元全部作为方家山村贫困户生产生活资金，助推乡村振兴。

方家山村党支部第一书记郑延芳告诉记者，"三月三"既展示少数民族乡村发展成就、福鼎白茶和畲族传统文化独特魅力，亦增进社会各界对少数民族及畲族文化的认知和情感。当下，壮大畲族茶产业发展，进一步实现茶文化产业化，对于带动茶农增产增收、振兴畲族乡村具有重要价值和意义。（雷顺号，2019.4）

茶王拍卖

龙凤团茶

在我国茶史上，饼茶（紧压茶）曾一度是主流茶类。

饼茶特殊的外形在古代为茶叶的运输提供了便利，因此中国的饼茶（紧压茶）很多都是作为边销茶、外贸茶品种，以方便长途长期的运输。产自福建的龙凤团茶是八百多年前宋代最具代表性的紧压茶类，从某种意义上来说，它代表着紧压茶工艺的一个巅峰。

在历史的长河中，随着散茶工艺的发展，福鼎的龙凤团茶紧压技术一度失传。今天，在近代普洱茶紧压技术的影响下，福鼎茶人利用传统手工与机械相结合，逐步恢复福鼎白茶的传统紧压技术，结合现代白茶紧压工艺造型而造就了福鼎白茶饼。

（一）

三国时期魏国的张揖在其所著的《广雅》中写道："荆巴间采茶做饼，叶老者，饼成以米膏出之。欲煮茗饮，先炙令色赤，捣末置瓷器中，以汤浇覆之，用葱姜、橘子芼之。"这是关于饼茶最早的记载。

那么，是否饼茶最早出现于三国时期呢？

一般事物的出现和形成都会早于文字记载。

三国时期仅短短 60 年，而张揖是现河北地区的人，却清楚了解荆巴（大约今湖南、湖北、四川辖地）的茶事。当时交通不便、信息流通速度缓慢，因此，荆巴间的事要让当时处于现河北地区的人了解清楚，很有可能已经形成气候了。

由此我们合理地估计至少汉代时饼茶已经产生了。

那么，为什么古人喜欢采茶做饼，而不直接品饮散茶呢？

一者，茶叶做成饼有利于储存和运输。以古代的交通和运输工具（当时陆路主要用牛和马拉车），制成饼茶才方便茶叶从荆巴之地运输到魏国、吴国，让类似于张揖这样的官员喝到茶叶。

二者，人类一般会依照当时习惯的饮食方法加工茶叶。根据历史学家的说法，人类早在史前就开始烙饼吃了，因此，想到把茶做成饼形也就不足为奇了。

乃至唐宋时期，饼茶已经成社会上主流茶类，唐朝宫廷煮泡法中的炙茶、碾茶与宋代点茶法中的碎茶、碾茶等步骤，皆以围绕饼茶特性而设计的。

（二）

不少《茶业通史》等现代文献认为，到了明代朱元璋罢造龙团，改进散茶，因此才导致散茶成为主流。但据《茶史初探》考证，其实从南宋末年开始，散茶就逐渐替代了饼茶的主导地位。

宋元之际马端临撰写的《文献通考》记载："茗，有片有散，片者即龙团旧法，散者则不蒸而干之，如今之茶也。始知南渡之后，茶渐以不蒸为贵矣。"文中明明白白写着南宋时期，当时就逐渐流行散茶了。

虽然后来散茶成为茶类主导，但饼茶始终没有消失，依旧以边销茶、外贸茶的方式存在至今。

元代和明代以前，关于茶叶的史籍，所提及最多的茶类便是饼茶，我们基本上可以认为当时社会上最流行的代表茶类便是饼茶。

那么，当时的饼茶是怎么制作出来的呢？其实，根据《茶经》和吴觉农的《茶经述评》所述，唐代饮用的成品茶有粗茶、散茶、末茶、饼茶。

我们按照字面意思来理解，粗茶应该是原料粗老带梗的茶叶，散茶应是没有压成饼的茶，末茶是捣成碎末的茶，饼茶则是压成饼状的茶，算是当时主流的茶叶。

关于当时茶饼的制法，陆羽用了一句话高屋建瓴地概括了："晴采之，蒸之，捣之，拍之，焙之，穿之，封之，茶之干矣。"虽说唐代茶叶杀青方式主流是蒸青，但其实当时炒青也出现了，刘禹锡的诗篇《西山兰若试茶歌》中记载："山中后檐茶数丛，春来映竹抽新芽。宛然为客振衣起，自傍芳丛摘鹰嘴。斯须炒成满室香，便酌砌下金沙水。"

(三)

龙凤团茶作为一种蒸青团茶，真正使其技术成熟并风靡上层社会的，则是宋代的丁谓和蔡襄。丁谓任福建转运使期间，曾到闽北督造团茶，"贡不过四十饼，专拟上供"。相隔四十年后，蔡襄任福建转运使，又督造出小龙凤团茶，"几二十饼重一斤"。其后，由于宋徽宗的重视，并亲自撰写了有关龙凤团茶的专著《大观茶论》，团茶制作工艺日益精湛，形成中国茶业史上的一大奇观。

龙凤团茶制作的工艺相当复杂。

首先是用料精细。以福鼎白毫银针原料为例，一般是采用早春时刚刚绽发的大白茶茶芽，称"银丝冰芽"，小心剔摘后，用清泉水濯净，再蒸青、榨汁、上模、压紧、烘焙等；每一道环节都有许多讲究，比如仅烘焙，就需用特制木炭，低温下（手触温而不热）连续烘焙几十个小时。此外，团茶的造型包装也很讲究。形状上除了常见的圆饼状，还有方状、元宝状等，表面还印有龙凤图案。外包装一般是内为细绵纸，外为锦缎，皇帝专用的用黄色包装，赏赐大臣的用绯色包装。

龙凤团茶的冲泡也十分讲究。要有一整套的专门茶具，而且不能用铁器。冲泡时，必须先将团茶用木槌轻轻敲碎，然后放在专门的茶碾里碾碎，再用细绢做的筛子筛过，然后将茶粉挑取适量放到兔毫盏里，先注少量开水拌成糊状，然后才以沸水注下，一边注一边用特制的竹拂轻轻击打。这样冲泡出来的茶汤，最后面上会出现一层极细的白沫，品茶者观察泡沫的颜色以及保持的时间，以此断定茶的优劣。最后连汤带水一起喝掉。

正因为龙凤团茶的制作与冲泡如此复杂，所以它只能在宫廷与大臣间流行，是一种纯粹的贵族茶。当时代发生变化，团茶也就日渐式微。到明初时，明太祖罢停原在武夷山的御茶园，团茶从此基本绝迹。

今天一般人已不可能见到当时龙凤团茶的实物了，许多茶史工作者曾试图从各种史料记载中去还原龙凤团茶的制作方法，至今无果，让人们颇感遗憾。

但今天，依旧存世的饼茶却也在某种程度上延续着龙凤团饼的辉煌。

（四）

若是有闲情逸致，可以复原当时的制茶方法，自己动手做一片福鼎白茶饼，感受一下 1200 多年前唐宋茶人喝的茶是什么味道，那种感觉应该很奇妙吧，好像跟古人近距离交流。

传统普洱饼茶于清雍正十三年（1735年）开始生产，主要工艺原理也来自唐宋龙凤团茶，饼圆寓意团圆，中国人讲究多子多福，故而七片一筒，七子饼普洱茶之名由此得来。

其实，当代白茶饼的出现并不久远。可以这么说，当地白茶饼的出现，与普洱紧压茶的技术传播兴起息息相关。

1999年至2001年期间，福鼎茶人从云南引进传统普洱饼茶紧压茶加工技术，开始利用普洱茶饼的模具压制福鼎白茶紧压茶（俗称"白茶饼"）。

2000年，云南昆明雄达茶城的福鼎茶商首次把福鼎白茶茶饼，给广州的客户体验，但市场认可度不高，主要原因是白茶较为松散且胶质少，压制出来的白茶饼形状很膨松，不规则。

随着普洱紧压茶的流行，福鼎茶人根据祖先的龙凤团茶技艺，不断创新成型工艺，2002年，福鼎白茶饼才试制成型，开始走上商品化试销道路。

2008年，福鼎白茶获得"奥运五环茶"荣誉，福鼎市政府委托一茶企业开始试制紧压茶模具，但当时使用茶砖形式，大概在当年11月才大量采用圆饼形的模具，至此具有福鼎白茶特色的紧压技术才逐渐趋于成熟。

2010年5月，福鼎市启动《紧压白茶国家标准》起草工作。

2015年10月，《紧压白茶国家标准》获得国家茶标委批准发布。

2016年2月，福鼎白茶紧压茶推荐性国家标准颁布施行。至此，紧压白茶制作有了标准依据，白茶饼走上发展快车道。

（五）

今天的福鼎白茶饼制作方法与龙凤团茶技艺略有不同。由于制茶机器的使用，白茶饼制作工艺也得到了一定的更新。传统手工与机械相结合，既保住了白茶传统的风味，又能适应大规模生产的需求，在这种古今结合的白茶饼制作工艺中"福鼎白茶的核心特征——毫香蜜韵"得到了最合适的诱发。

压制白茶饼时，将选好的原料放入蒸筒中，使散茶在蒸汽作用下变柔软，再将蒸软的茶叶倒入特制的三角布袋中用手轻揉定型，收紧袋口，紧结于底部中心，放入特制的圆形茶模具中，压制成四周薄而中间略厚，直径宽七八寸的圆形茶饼，即为传统白茶饼。

经过改良，紧压白茶饼的压制步骤形成了自己的福鼎特色，净重有100、200、300、350、500、1000、1500、3000等多种规格（克／片）机械成型磨具。

1. 称茶

传统白茶紧压茶，一般分为面茶、芯茶、底茶三部分，面茶最细嫩，底茶次之，芯茶相对前两者较粗老。经过改良后，三者要求原料品质必须一致。

2. 蒸茶

将称好的茶叶倒入一个铁皮制成的圆桶内，放入内扉，将装有茶叶的圆桶放到特制的蒸汽设备上方蒸软。

3. 装茶

将蒸软的茶叶放到一个定型缝制的布袋内，裹口做型，定出紧压茶的基本形状。裹口做型是个技术活，要做出饼形圆润，厚薄适度、均匀，窝心端正的外形美观的茶饼，不是一件简单事。

4. 压制

布袋装茶叶做型完毕后根据不同要求，放入机械压制模具内进行压制成型。根据不同形状的紧压茶，调整压制的压力、时间、次数。

传统白茶饼茶，前些年一般使用"机械压制，石磨定型"的独特成型方式，现在普遍采用"机械压制，机械定型"的现代自动化成型方式。机械压制使茶叶内含物质得到适度的释放，再用石磨定型，使得成品茶饼松紧度适中，茶饼由内到外的空间密度均匀。

5. 剥饼

把压制成型的紧压茶摊凉之后，从布袋中剥离出来，整齐地摊放在晾茶架上。

6. 干燥

产品压制成型后，一般放在晾茶架上阴干 1—3 天，再进入烤房低温干燥，烤房温度维持在 40℃以下，阴干的时间及进烤房的时间根据不同的产品而定。

白茶在压制过程中使用新型"机械压制 + 机械定型"的好处：这样成型的产品外形美观，饼形饱满，条索清晰可见，冲泡时内含物质释放适度且均匀，香气、口感表现饱满，内质稳定。茶饼松紧度适中，由内到外的空间密度较均匀，在后期的转化更加均匀，保证了茶饼陈化后茶汤口感的一致性及稳定性。（雷顺号，2016.5）

凤凰入梦

畲族人对于喝茶的热爱，已有几千年的历史。从远古，一直吃到今天。这一碗伴随着泥土味的"山哈茶米"，随着时代的变迁，从过去茶桌上的大碗茶到如今的精制茶，在时光的传递中，它没有被磨难而左右，没有在漫长岁月中，褪去它的颜色。它根植民间，情结于乡愁。在日新月异的今天，吃茶人意气风发，神采飞扬，吃出了豪迈，吃出了富有！

那么畲族人，为何偏偏喜欢喝茶呢？说来话长。向来嗜好喝茶的畲族人，有关传说也不少。传说很早以前，福鼎太姥山有个叫"蓝姑"的人，常在太姥山上从事茶叶种植。她为人热情、好客，经常把山上种的茶叶，送给邻里乡亲，治疗麻疹，后人为纪念她，就把蓝姑作为"福鼎白茶"的始祖。也有一种说法，汉代东方朔受汉武帝之托，路过这里，口渴难熬之下，走进路边村子，只听附近人声鼎沸，人们正在热闹中喝茶。闻声寻去，来到了一户人家，一看喝茶的人，大多是妇女和老人，旁边的东方朔便向老妪讨了碗茶水喝。一碗茶水下去，一解旅途劳顿之苦。临走时，为表示感谢，他开心道："山哈，这茶好喝！"过后有人听之为"山哈茶"好喝，接着就一直沿用下来，一直要喝到九道。

现在，畲族人把这种迎客茶称为九道茶。因有九道步骤得名，是福建闽东畲族群众礼遇宾客的一种饮茶方式。作为书香门第之家待客的一种礼仪，"九道茶"茶艺要求表演温文尔雅，注重体味茶的俭德内蕴和文化内涵。

畲族"九道茶"木偶茶
艺表演

畲族九道茶选用的茶叶一般为福鼎白茶中的寿眉以及"闽红"三大系列中的福安坦洋工夫、福鼎白琳工夫，具体冲泡方式为：

第一道：择茶，就是将准备的各种名茶让客人选用。

第二道：温杯（净具），以开水冲洗紫砂茶壶、茶杯等，以达到清洁消毒的目的。

第三道：投茶，将客人选好的茶适量投入紫砂壶内。

第四道：冲泡，将初沸的开水冲入壶中，如条件允许，用初沸的泉水冲泡味道更佳，一般开水冲到壶的2/3处为宜。

第五道：瀹茶，将茶壶加盖5分钟，使水浸出物充分溶于水中。

第六道：匀茶，再次向壶内冲入开水，使茶水浓淡适宜。

第七道：斟茶，将壶中的茶水从左至右分别倒入杯中。

第八道：敬茶，由小辈双手敬上，按长幼次序依次敬茶。

第九道：喝茶，畲族九道茶一般是先闻茶香以舒脑增加精神享受，再将茶水徐徐喝入口中细细品味，享受饮茶之乐。

曾几何时，外面的人都知道，在福鼎畲乡，有这种叫"山哈茶米"的迎客习俗。逢年过节，日常家事，招待客人，摆开八仙桌，"山哈茶米"十分盛行。一般上门的朋友，客人来此，不消说，一坐下来，都得喝上一碗热腾腾的清茶。久而久之，这一碗民间茶，发展成了一种别开生面的民间"茶道"。平时邻里之间，你来我往，其乐无穷。一天喝二三碗茶，不在话下。家乡人不叫"喝茶"，叫"吃茶"。平民百姓吃茶，不像文人墨客喝茶讲究个"品"字。作为百姓之家，则出于对茶的喜欢，似乎用一个"吃"字，更显得淋漓尽致，具体而形象。茶的滋味很美，吃茶人吃出了念头，吃出了习俗，吃出了气势！或许习惯成自然，逢年过节串门儿，相互送的礼物少不了茶叶。平时出门办事，出远门，忘不了给家里捎上些茶叶，或添个像模像样的茶器。（雷顺号，2009.10）

泰斗情缘

　　翻开中华名茶尘封的历史，福鼎白茶馨香四溢。作为海上丝绸之路最重要的商品之一，福鼎白茶曾以"毫香蜜韵"的独特风韵远销海外各国，是中外互联互通的重要纽带，史载曾"运售国外，价同金埒"。

　　福鼎白茶独特的文化属性和精神属性，极大地提升了福鼎白茶的附加值和美学价值，使得福鼎白茶鹤立茶界，获得"世界白茶在中国，中国白茶在福鼎"之美誉。这其中，当代茶界泰斗张天福先生对白茶有着特殊的情缘，对福鼎白茶的发展有着不可磨灭的特殊贡献。

　　2017年6月4日9时22分，张天福在福州逝世，享年108岁。

　　中国是世界茶叶的故乡，历史上产生过茶圣，也出现过众多"称雄一方"的茶王。堪称茶界泰斗的张天福，《中国农业百科全书》中将其列为茶圣陆羽之后十大茶业专家之一。他青年时在福鼎创办示范茶厂，用科学方法制造白茶，挖掘福鼎大白茶传统茶树资源，将"口授心传"的白茶技术升华为文字，编写中国白茶经典文献《福建白茶的调查》，是福鼎白茶制作技术转承的第一人。

　　一个世纪以来，张天福与福鼎白茶结下特殊的不解之缘。

　　立志以农报国的张天福，1932年南京金陵大学毕业后，选定福建三大特产（茶、纸、木材）之一的茶业，作为自己人生的奋斗目标。

　　1934年6月，张天福获福建协和大学资助，东渡日本，并转道台湾实地考察茶业，凭借对植物学的深厚功力，回来后，张天福在《台湾之茶业》的考察报告中，果断认定台湾的茶树品种是从大陆传过去的。几十年后，他的学生、台湾茶叶专家吴振铎在《台湾茶业史》中也对此做了权威论述。

1935 年 8 月，张天福到福安县创办福建省立福安农业职业学校和福安茶叶改良场，任校长兼场长，并在福鼎白琳设立示范点，挖掘福鼎大白茶传统茶树资源。这一时期，被张天福聘过来的科研人员、教师中有许多优秀人才，其中，李联标、庄晚芳更是与张天福三人，共同入选当代中国十大茶叶专家，被载入 1988 年国家编写的《中国农业百科全书茶叶卷》。

1935 年至 1936 年，张天福在闽东大山深处经营起他理想中的最先进的茶叶科研所和制茶厂。为实现理想，张天福终年在福安茶业改良场与福安农业学校之间奔波，日夜操劳，使福建之茶逐渐走向繁荣。

1937 年 4 月，张天福引进制茶机器，将福建从手工制茶时代带入到了机械制茶时代，翻开了福建制茶史的新篇章。在抗战的特殊时代里，闽茶作为主要的外销货品，是换取外汇的重要物资，亟须领军人才。

1939 年 11 月，在重庆参加全国生产会议的张天福，正在筹建中央茶叶试验场之际，被召回了福建，临危受命到闽北崇安（今武夷山市）筹办福建示范茶厂，这是当时全国规模最大的一个茶厂。

1940 年 1 月份，张天福来到素负盛誉的武夷岩茶产区崇安，创建福建省政府与中国茶叶公司合资的福建示范茶厂（武夷山市茶厂前身）。福建示范茶厂总厂设在武夷山麓，下设福安分厂，聘技师陈绍辉为副厂长；设福鼎白琳分厂，聘游通儒为厂长；聘陈橼为政和直属制茶所主任、秦光前为副主任；聘林馥泉（福安农校首届毕业生）为企山直属制茶所主任；聘吴心友（崇安县财委主任）为星村制茶所主任。一批茶叶专家聚集在武夷山，为武夷岩茶的发展图强贡献力量。

福建示范茶厂总厂设在赤石，福鼎白琳分厂设在白琳，设有办公室、职员宿舍、萎凋室、机械工场、精制工场各一座。在设备上向神州电力公司铁工厂订制了大成式干燥机、克虏伯式揉捻机等制茶机械。把示范茶厂建成东南最先进的茶厂，实现了他的用机器制茶的理想。

1941 年，由张天福创制的中国人自己设计、制造的第一台揉茶机问世，由于他开始构想设计木质手推揉茶机时，正值"九·一八"事变，因此，当他的设想成为现实时，便将此机命名为"9·18 揉茶机"，以警醒国人"勿忘国耻，振兴中华"。殷殷爱国情，拳拳赤子心，可见一斑。第一台手推揉茶机的问世，结束了中国茶农千百年来用脚揉茶的历史。

1949 年 8 月，时逢新中国成立前夕百废待兴之际，张天福回到了福州，协助筹建中国茶叶公司福建省公司，统管全省茶叶内外贸工作。1951 年，中国茶叶公司福建省公司在福鼎设立分厂。

1952 年 10 月 1 日，张天福奉调到福建省农林厅。当年，张天福受福建省农林厅指派在福鼎白琳办白茶厂，繁殖福鼎大白茶茶苗。

1956 年，张天福发表《福建白茶的调查报告》，论证："白茶首先由福鼎县创制的。当时的银针是采自菜茶茶树，约在 1857 年自福鼎发现大白茶后，于 1885 年开始以大白茶芽制银针，称大白，对采自菜茶者则称土针或小白。"并将白茶工艺从"口授心传"升华为理论，为白茶研究提供文献资料。

1957 年，全国农业大专院校教科书采用《福建白茶的调查报告》，作为茶叶专业主要参考书籍。

1959 年 3 月至 10 月，为迎接全国茶叶产销现场大会在福鼎召开，张天福作为福建省农业厅专家，多次到福鼎开展茶树品种、栽培、采制等试验研究和茶区调查推广工作。

1959 年，张老提出热风萎凋初制技术，用以代替日光晒青，解决雨天晒青问题，为 20 世纪 60 年代白茶热风萎凋工艺的研发奠定了技术框架。

1960 年 3 月，全国茶叶产销现场大会顺利在福鼎磻溪镇黄岗村召开，张天福在大会上力推福鼎大白茶茶树良种，推广福鼎茶树扦插育苗技术。此后，张天福走遍福鼎、福安、武夷山等福建广大茶区，总结出"梯层茶园表土回填条垦法"，确保茶园水土不流失，不仅降低了生产成本，还保障了茶园高产、稳产、优产。之后，该方法被向全国推广，并不断被广大茶区群众所掌握。

1982 年，张老作为福建茶叶专家参加由商业部、轻工部主办的全国第一次名茶评比，福鼎选送的白毫银针荣获全国名茶第一名，得分为 99.9 分。

1984 年，农业部命名"福鼎大白茶""福鼎大毫茶"为"华茶 1 号""华茶 2 号"。张天福一直倡导的福鼎茶树良种得到全国推广。

2004 年 4 月，张老为福鼎白茶题写"福鼎白茶"证明商标。

2007 年 6 月，太姥山茶王赛在福鼎举行，张天福作为大赛主裁判。

2008 年 4 月，张天福有机白茶基地在福鼎市点头镇九峰山茶场挂牌。

2008 年 9 月 17 日，张天福的百岁寿辰庆典在福州举行。福鼎市专门制作了一块镶刻着一百个不同形状寿字的白茶砖，为张老祝寿。成立茶叶发展基金会是张天福的毕生心愿。他想用基金会来促进茶叶生产、科研、教育与茶文化健康和谐可持续发展，让基金主要用于奖励在茶叶生产、科研、教育等领域第一线做出特殊贡献的科技教育工作者以及品学兼优的茶学专业学生。在百岁华诞之际，张天福实现了这个愿望，由中华茶人联谊会福建茶人之家倡议创立的福建张天福茶叶发展基金会正式成立，他将此视为自己百岁生日的珍贵礼物。为此，他把自己仅有的 80 平方米房子也捐给了基金会。

2010 年 5 月，中国上海世博会选拔茶寿星，张天福当选，多

向张老赠送白茶

张老谈白茶

次到世博会福鼎白茶馆品鉴福鼎白茶。

2010年9月，张老在福州举办的"百名记者话白茶——福鼎白茶中秋品茗会"活动中说道："现在有客人到我家里来喝茶，我都是泡10杯茶给他。十杯茶里头呢，第一杯就是白毫银针。"

2011年5月，首部中国白茶新闻作品集《强村富民话白茶》首发式在福州举行，张老出席并在图书首页签字留念，寄语"福鼎白茶越来越好"。

2014年11月17日，张天福先生"终身成就奖"颁奖典礼在福州白龙宾馆举行，中国茶叶学会理事长江用文代表中国茶叶学会授予张老该荣誉，福鼎市向张老赠送了第二届福鼎白茶民间斗茶赛金奖白茶。

2015年12月26日，福鼎白茶"申遗"启动仪式暨福鼎白茶福州赏鉴会在福州西湖大酒店举办。活动现场，106岁的茶界泰斗张天福先生为福鼎白茶亲笔题写了"中国白茶发源地——福鼎"。

2017年1月3日，福建省茶界新春茶话会在福州举行，来自海内外的1000多名各界人士为茶界泰斗张天福先生送上新春祝福。福鼎市茶企代表为张老敬茶，向张老赠送重108斤、直径为 108 厘米的福鼎白茶饼。

　　"一叶香茗伴百载，俭清和静人如茶"是张天福老先生的真实写照。他倡导的"俭、清、和、静"茶学思想精髓，广泛影响着一代又一代的茶人。（雷顺号，2017.6）

篇三

禅茶一味

神话是历史的发端，福鼎白茶史也不例外。

据《宁德茶叶志》记载，相传尧帝时，太姥山下一农家女子，因避战乱，逃至山中，以种蓝为业，乐善好施，人称蓝姑。那年太姥山周围麻疹流行，乡亲们成群结队上山采草药为孩子治病，但都徒劳无功，病魔夺去了一个又一个幼小的生命，蓝姑那颗善良的心在流血。

为了普救穷苦的农家孩子，蓝姑拼命地采茶、晒茶，然后把茶叶送到每个山村，教乡亲们如何泡茶给出麻疹的孩子们喝，终于战胜了麻疹恶魔。

岁去年复，秋归春回，蓝姑从没有停止过对穷人的帮助。晚年蓝姑遇仙人指点，于农历七月七日羽化升天，人们怀念她，尊她为"太姥娘娘"，亦称"福鼎白茶始祖"，成为福鼎本邑乃至周边地区人民心目中的神。逢年过节"上山拜神"是一项民间传统习俗。

敬仰太姥，盛世兴茶。白茶山茶人方守龙、曾兴先生由此敬立白茶神庙，供奉福鼎白茶始祖——太姥娘娘圣母。

福鼎白茶，不仅仅是一种饮料、一种植物，更是时间、空间和自己的交汇与照见。在茶汤中我们

白茶神庙及石碑

白茶神庙节气茶会

看见宇宙星辰，看见过去与未来的自己。

　　自上古时代，中华民族的人文始祖炎帝神农氏亲尝百草时起，茶已随着人类文明源远流长的脉络留下了千年的足迹。它好像一诞生在中国这个文明的古国中，就与古代的文人士子、空门僧人、道家弟子结下了不解之缘。对于诗人墨客，它是吟咏抒怀、激发灵感的催化剂；对于空门僧人，它是修习禅定、持戒三昧的清心剂；对于道家弟子，它是修真悟道、超脱羽化的逍遥散。它把以儒、道、释为主的中国文化有机联系在一起，使得人们在茶余饭后可以论古说今、修身养性，让精神世界的浮躁、虚妄有了可以暂得放松驰骋的港湾。

　　从国兴寺徒步，途经一片瓦、鸿雪洞，到白云寺时，沿路只见郁郁葱葱的林间峡谷、峰林岩洞，全被太姥山中漂浮不定的云雾所笼罩，别是一番缥缈壮观的景象。我这颗忐忑的心在告诉自己，它快要激动得从胸腔里跳出来了。虽然，面对这座历史悠久、万人朝拜的千年古刹，它让人心潮起伏、憧憬向往，可在云海蒸腾、亦幻亦真的徒步穿越途中，我莫名而生对即将出现的、神秘万端的下一刻的担忧。

　　我们这些一向无所禁忌的凡夫俗子，披着世俗纷扰、喧嚣、名利的外衣游走在清净修为、悟道参禅的佛门圣境时，我们背负在身上沉重的人生行囊，或许不得不就此卸下。好像空门之清净与尘世之喧嚣总是水火不容、格格不入。

　　然而，佛门向来以慈悲为怀，对于芸芸众生总是心存善念。忽然，我从尘寰中带来的杂念和狂妄，顿时像淋过一场涤荡身心的雨，留在心底的只有空蒙、静谧，好似这一片片闻之无味、捕捉又不见的浮云，顷刻间让人激动的心又变得平静、虚无。我想，大概佛门是需要让人以这种平常的心态来朝拜它的吧。

　　好似惊奇的事物总是于人静下心的时候忽然闪现。在我们的眼前，茂林稀疏之处，在纵横交错的沟壑之间空出了一两道被吞噬了的缺口，好像是仙家窥探人间的通道，于荫翳的丛林下隐隐约约显露出了安详生长的茶园的踪影。

　　白云寺师父说，这便是名闻遐迩的福鼎大白茶野生茶树"绿雪芽"。我既欣喜于它能现身让人有幸得以一瞥，又惊叹于它潜心隐居的生态环境。可以看出，它是多么独具匠心，多么超凡脱俗。它实在很会挑选位置，在秀甲天下的太姥山中定居，与云雾为伴，

禅茶

与佛门为邻。自它第一次从云雾缥缈中梦幻般地显身，留给我的印象绝对是非比寻常的。

拜谒罢名不虚传的白云寺，我们最想品尝名副其实的白茶禅茶。我们一行团团围在十人一桌的圆木桌旁，随意地就坐在竹篾编制的小椅上，望着远处那些来自五湖四海的游人步履匆忙地穿梭于山寺竹林各处角落玩起自拍，全无欣赏美景、沉醉自然的诗情雅意，而展现在他们眼前的，却是我等这些独辟蹊径、风格迥异的"闲人"。

在一座用竹子搭建的简易茶舍里，鼻子里充盈着百丈檀木散发的阵阵幽香，耳朵里听着普贤禅院祈诵的极乐清音，头脑中萦绕着"水村山郭酒旗风"的万种风情……我们丝毫没有感觉到，竹椅身后背靠的竟然是深不见底、云海茫茫的峰峦沟壑，唯有这颗躁动不安的心在等待一杯颇有仙风道骨、清新脱俗的天然有机茶。一想到这些，一阵阵热血沸腾的欢愉和快慰，不禁在我脸上洋溢开了。

少时，一位中年妇人给一个透明的茶壶盛满滚烫的开水，接着从装在大塑料袋的茶叶中顺手抓了半把放进冒着蒸汽的茶壶里。不消片刻，那些细长鲜嫩的茶叶立即舒展开了它窈窕柔软的身躯，在热水的冲浪中以优雅、迷人的动作不断上演着翻滚、沉浮、绽放的舞姿……

倘若它是个活体的生物，我想它每一次与热水的扭臀、激吻、滑步，不仅是在完成它庄严而神圣的使命，而且也是在无私地释放着身体里每一处集聚的阳光和精华，并持续到最后一刻，向着那坚硬厚实的杯底狠狠坠去，实现它壮烈、辉煌的生命之旅。

对于人而言，它似乎并没有做出什么惊世骇俗的壮举，弹指一挥间，一杯鲜绿的茶水就能唾手可得；可是对于茶而言，好像不经历这场惊心动魄、跌宕起伏的生死绝恋，就不能实现"生如夏花之绚烂，死如秋叶之静美"那样的伟大。

这时，通体黄绿的，像变魔术似的，这壶神奇的茶水终于呈现在了我们的眼前。侍茶者从众人中扫视一圈后，专门挑选让我揭开盖子闻一闻。当我怀着激动而忐忑的心揭开这个分量无比沉重的壶盖，直视这杯承载着太姥灵气、天地精华的茶水时，一股馥郁清香、醒目怡神的味道立即充盈了我的鼻孔，刺激了我的神经。我连连称赞它的妙不可言。这时，我们每人面前摆放着一个小巧透明的玻璃杯，谁想喝多少尽管去倒。一听此茶有许多神奇的功效，我就迫不及待想要一解口馋。

当平滑、柔腻的茶水，从口中顺着喉咙流向缓缓蠕动的肠胃时，仿佛身体五脏六腑的每个器官都向这吸收了太姥仙气的液体发出了不可遏制的呼唤。它的出现，让身体的府谷之气、经络血脉都为之茅塞顿开。

然而，刚才入口的那股清醇淡雅忽然又变为了淡淡的苦涩。我想，这好像是事物按照自然规律发展变化步入的一个瓶颈期和停滞期。虽然，冲泡一杯茶是极其简单的一个动作，可它在峰峻、石奇、洞异、溪秀、瀑急、云幻等奇特的自然气候条件下，依然不畏山高水远，独守寂寞山林，忍受着身体和精神的双重考验，其间的苦衷又非常人所能体味。但它不过是沧海之一粟，渺小得不能再渺小的事物，只为了人的一口享用，却要演绎一次承担所有生物必经苦难和蝶变过程的伟大生命壮举，这其中饱含了它真实的情感诉说和内心告白，又怎一个苦味了得！

随后，淡淡的苦涩又化成悠远绵长的甘甜。这是为生命价值的充分发挥而不由自主展示出来的欣然和喜悦，也是与人体的血液、脏器共融后流露出的欢畅和自豪。我想，每一种生命在涅槃、重生之际都会这样呈现着精神之伟大，闪耀着灵魂之永恒。这种平凡而共融的过程，似乎与《牡丹亭》《长生殿》等古典戏曲艺术不谋而合、殊途同归，正是在大团圆式的圆满结局中超脱了人生的真谛，诠释了生命的意义。

其实，一个普通生命的整个过程，也正如眼前的这杯茶，它需要在出生、成长、死亡的整个历程中，完成它平凡而伟大的轮回、蜕变。这是每个生物体都要遵照的自然规律，茶也不能逾越。

品一杯茶，其实是在悠远绵长的意境中，观照人生的酸甜苦辣、曲折坎坷，品评生命的长度和宽度，以一颗平常心看待人生的逆境和遭遇，在修习禅定中逐渐增进对佛法"圆融三谛"的理解和参悟。

我想，若是未成佛的释迦牟尼，他必定从这杯均匀杏黄的茶水中，看到的是人一生必经生、老、病、死的各种痛苦。为了摆脱命运的枷锁，解救人类的苦难，他放弃宫中高贵的礼遇，毅然决然潜心苦修去了。

而此时的我，只是一个置身事外的俗家弟子，一个匆匆过客。

然而，很奇怪的是，每当到太姥山，品饮福鼎白茶时，竟飘飘欲仙，如入仙境。后来我想，我一介草民，行走于太姥娘娘、摩尼教留下踪迹的山中，置身经声竹韵的禅院道场，自然也受大乘佛法、老子道学的影响，冥冥之中给人以思维的启迪和迷津的点化，冲泡出来的茶饮品尝起来自然非别处汤水所能及。

后来，我一直在想，古人常常以茶代酒、以茶会友，它带给人的是思想的澄澈、心灵的净化，尤其在品的过程，易于找回最真实的自我。酒醉了，"天子呼来不上船"；茶醉了，"一语道破红尘事"。这里有它的胆识所在，智慧所在，气节所在。

当这种神奇的树叶在东方文明古国的地域诞生时，它已像太极一样，反复推演幻化，并融多元文化于一炉，在三教交织的文化网里，随着历史滚滚向前的车轮不断刷新着自己崭新的印迹……（雷顺号，2017.1）

喊山祭茶

　　一场春雨过后，雾在茶山间游动，像画家泼墨，使原来的山变成景，做成了一幅幅丹青。

　　"开山采茶喽！" 2019 年 4 月 6 日，"首届闽东畲族喊山祭茶典礼"在福建省福鼎市太姥山镇方家山村举行，茶人茶友们对着茶山一起大喊，"唤醒"沉睡的大山，标志着一年一度采茶季拉开帷幕。

主祭人宣读祈文，现场制茶师傅、茶农们按顺序上香祭拜"白茶始祖"蓝姑（太姥娘娘），祈求风调雨顺、茶叶丰收

茶农们在等待开山祭茶仪式正式开始

祭茶祈福

喊山　　　　　　　　　　敬茶

虽说整个"喊山"的仪式并不繁杂，但"喊山"的茶文化已经与闽东畲族和茶农们融为了一体。

福鼎市畲族文化促进会副会长、方家山畲族生态白茶合作联社理事长钟金水介绍说，再现历史上畲族"喊山"的传统场面，目的就在于让畲族世代相传的茶文化更休闲化、民俗化、精巧化，让茶文化中的人文含义更加突显，让茶文化的经济价值更加晋级。

方家山村位于太姥山西南麓，海拔518米，下辖孔兰、后门垅、横坑等13个自然村，畲族人口占比达52%以上，有钟、蓝、雷、李畲族，其中钟姓，于乾隆年间迁居方家山下楼（今田楼）孔兰等村落；蓝姓始祖蓝士肇于康熙五十年（1711年）由浙江平阳牛皮岭迁福鼎方家山外洋；雷姓于明洪武廿八年（1395年）由罗源北岭迁至福鼎，后裔迁居方家山。如今，方家山是福鼎白茶的主产区之一，2014年列入闽东畲族文化生态保护区示范点。当地畲族村民不但善于加工制作茶叶，而且千百年来，还形成了许多与茶有关的传统习俗，其中"喊山"仪式，就是采制白茶的独特风俗。

自古以来，"茶"与祭祀的关系便十分密切。用茶祭祀的做法早在南北朝时期梁萧子显撰写的《南齐书》中就有记载，齐武帝萧赜永明十一年（493年）的遗诏中称："我灵上慎勿以牲为祭，唯设饼果、茶饮、干饭、酒脯而已。"以茶为祭，并非王公贵族所独有，庶民百姓也离不开清香芬芳的茶叶。在闽东畲族聚居区福鼎太姥山等地，就保留着茶与祭祀的典型遗风遗俗，"畲族喊山祭"就是其一。

按古代区划隶属关系，福鼎隶属福州、长溪，因此，陆羽在《茶经》中载"岭南生福州、建州、韶州、象州。福州生闽县方山之阴。……往往得之，其味极佳"，《新唐书·地理志》载"福州贡蜡面茶，盖建茶未盛之前也。今古田、长溪近建宁界，亦能采造"，《三山志·货物》载"今古田、长溪近建宁界，亦能采造"，说明了福鼎茶史也隶属福州、长溪而上溯到唐宋。明《福宁州志》

有"福宁郡治茶俱有"的记载。明代谢肇淛（1567—1624年）的《太姥山志》载："太姥洋在太姥山下，西接长蛇岭，居民数十家，皆以种茶樵苏为生。白箬庵……前后百亩皆茶园。"谢肇淛在《太姥山记》中说，万历己酉年（万历三十七年，1609年）二月间，过湖坪时，目睹"畲人纵火焚山，西风急甚，竹木迸爆如霹雳，……下山回望，十里为灰矣"；他的《游太姥道中作》中有"溪女卖花当午道，畲人烧草过春分"的诗句。这烧火开荒就是畲族耕种劳作的一种方式，草木灰有利于农作物的生长。谢肇淛在《五杂俎·人部》中还记载："吾闽山中有一种畲人，……畲人相传盘瓠种也，有钟、雷、蓝等五姓，不巾不履，自相匹配。"《长溪琐语》载："环长溪百里，诸山皆产茗。"清代秦屿人邱古园《太姥山指掌》中载："循磨石坑三里许至平岗。居民十余家，结茅为居，种园为业。园多茶，最上者太姥白，即《三山志》绿雪芽茶是也。"从以上记载可以看出，从明代初中期开始，太姥山周围有畲族从事茶叶生产生活，清代到民国是兴盛时期。

在福鼎，在太姥山区，福鼎白茶自古以来就与人们的生活非常紧密地连在一起，我们随便翻翻有关太姥山的诗文，就能引出一大串——

明陈仲溱《游太姥山记》中说道："竹间见危峰枕摩霄之下者，为石龙，亦名叠石庵。缁徒颇繁，然皆养蜂卖茶。虽戒律非宜，而僧贫，亦藉以聚重。"连僧人寺庵都靠"养蜂卖茶"来"藉以聚重"，从中可以看出，至少在明朝，茶叶已是太姥山民经济生活非常重要的一部分。再读明谢肇淛"采茶人去猿初下，乞食僧归鹤未醒"（《玉湖庵感怀》）、"借问僧何处，采茶犹未还"（《天源庵》）和"野猿竞采初春果，稚子能收未雨茶"（《太姥山中作》），以及明周千秋"几处茶园分别墅，数家茅屋自成春"（《游太姥山道中作》）等诗句，我们读出了：在时光深处，茶渗透进了世间僧俗男女老少的日常生活。

喊山祭茶仪式，这流传于闽东畲族的古老而久远的风俗，是民间对茶神和山神的一种祭拜表达，承载着许许多多文化与历史内涵，寄托着人们渴望风调雨顺茶事兴盛的美好心愿。明代以来，大量畲民迁居福鼎、福安、霞浦等闽东山区，喊山祭茶仪式演绎为一种习俗，形成了独特的民间文化。每年惊蛰至清明，春雨绵绵，山雾蒙蒙，万物在沉睡中渐渐地苏醒，一场声势浩大的喊山祭茶仪式便在茶山拉开序幕。地方官员身披官服率属下及山民们聚集在茶园内，一个个表情严肃，虔诚之心溢于言表。当众人登上喊山台，把水果、猪头肉等祭品摆上供桌，香火插进香炉时，一个个便开始顶礼膜拜，乞求上苍保佑，福临大地。地方官员以激昂高亢的声音诵读祭文，表达了对山神和茶神的敬仰和崇拜，也表达了山民们对茶事兴旺的真诚愿望。祭文宣读完毕后，地方官员便率众喊："茶发芽了！开山采茶喽！……"这声音在山谷间久久地回荡着，预示着茶叶丰收、四邻平安。这一传统的喊山祭茶仪式，至今仍在闽东畲族聚居区流传，内容也融进了许多新时代的茶元素，凸显了浓郁的茶文化内质和地方风情。

可见，"喊山祭茶"的初始，是一种官方行为，据说是地方官和贡茶监制官"以口腹媚至尊"，即为向皇上献媚而举行的仪式，并非老百姓的意愿。

当然，随着时间的推移，这种茶祭风俗也就在当地畲族茶农中保留下来。如今，"喊山祭茶"已经成为当地一种独特的风俗被世人观赏和认知。无论是茶农为祈求风调雨顺、茶叶丰收而自发地举行，还是出于旅游文化资源开发的需要，"喊山祭茶"这种流传久远的习俗最终得以保存下来，成为一种珍贵的传统文化资源。

（雷顺号，2019.4）

宝塔茶礼

茶是畲族人民必备的饮料，用茶敬老待客是畲家的传统习俗。

畲族只有语言而无文字，常借用汉字记畲语音法手抄歌本。旧时畲民把学歌唱歌作为一种重要文化生活。20世纪60年代以前，民歌普及率很高，人们以歌代言，沟通感情；以歌论事，扬善惩恶；以歌传知，斗睿斗智，形成上山劳动、接待来客、婚丧喜事等一系列对歌习俗。

根据当代《畲族叙事歌集萃》一书中记载，许多山歌中都有对茶的传唱。在讲述畲族青年男女爱情故事的《畲岚山》和《石莲花》中均唱道：

"青山明月等娘（姑娘）来，敬了香茶歌喉开。

小娘热情招待郎，姐妹烧茶成大帮。

晏脯食了坐厅堂，一碗香茶捧分郎。

小郎把茶接过手，姐妹商量便开腔。

糯米做酒喷喷香，阿娘（姑娘）泡茶茶更香。

食了香茶歌音清，歌源一出满山林。"

其实，畲族茶史溯源应在陆羽《茶经》问世以前。《茶经》问世于唐朝建中元年（780年），而福建省委党校雷湾山教授主持的畲族渊源课题调查确认：据文献记载，约在7世纪初隋唐之际，畲族人民就陆续迁移到闽、粤、赣交界地区繁衍生息。大约在明清时始大量地出现于前岐、佳阳、硖门、白琳、太姥山等福鼎的一些山区、半山区。这些畲族聚集地大多散居在峰峦重叠的深山，气候土壤十分适宜茶树生长，加上畲族是一个勤劳且勇于开拓的民族，因此畲民迁徙到哪里，就拓荒到哪里，种茶到哪里，在漫长的栽茶、采茶、制茶、饮茶过程中，逐渐形成和积淀起了独具特色的畲族茶文化，形成"畲山无处不种茶、畲民无时不喝茶"的习俗。

畲民大多集聚在山腰地带，虽主要从事农业生产，但占有的可耕田地却都是从陡峭的山坡上通过千辛万苦认真修筑梯级而获得的，修筑的梯级园地土壤腐殖质丰富，十分适宜茶树种植。同时这里绿树成荫，终年云雾缭绕，孕育了茶叶优异的自然品质，因而自唐永泰年间以来，畲族太祖雷进裕等人先后从广东等地迁徙至福鼎后，不管是单家独户还是小聚居，他们都在自筑的梯级园地上见缝插针种植茶树，距今有 1000 多年的历史。

畲族百姓认为，喝茶一可解渴，二可治病。畲族妇女更是勤劳纯朴，个个都是生产劳动能手。无论是刨番薯丝、拣茶籽还是采茶叶，样样精通；她们更是制茶高手。

茶之所以被婚嫁男女所青睐，是因为古人认为"茶树为常青树，是至性不移之物"。正如明朝郎瑛所说："种茶下籽，不可移植，移植则不复生也。故女子受聘，谓之吃茶。又聘以茶为礼者，见其从一之

畲族宝塔茶礼表演

义。"而婚嫁用茶，在畲族中突出表现为"畲族宝塔茶"。

畲族"宝塔茶"是福鼎畲族同胞在长期的生产生活中形成的一种独具特色的婚嫁习俗，曾在福鼎与浙江交界的苍南、泰顺、平阳一带畲族聚居地广为流传。这一婚嫁礼仪习俗将茶礼提炼、升华到一种独特的境界，成为畲族风情活动中最有特色、最富情趣的民族习俗活动之一。

"宝塔茶"文化说的是，畲族青年男女于结婚的前两天，男方必须挑选一位精明能干、能歌善舞的男子，当"亲家伯"或称"迎亲伯"，全权代表男方，挑上猪肉、禽蛋等聘礼，前往女家接亲。女家见"亲家伯"来，立即开大门鸣炮迎接，"亲家嫂"则搬一张板凳放在厅堂的左首让他入座："亲家伯"要懂得谦让，把板凳挪到右边就座。接着，"亲家嫂"向他敬烟，但这时"亲家伯"要拿出自己的烟，先敬"亲家嫂"及在场的人们。否则，就会被视为无礼，便点着鞭炮扔到他脚边，轰他，烧他的衣裤，取笑他。

男方送来的礼品要一一摆在桌上展示。"亲家嫂"会取猪肉、禽蛋等过秤，亲家伯一语双关地问道："亲家嫂，有称（有亲）无？"亲家嫂连声答道："有称（有亲）！有称（有亲）！"接着，"亲家嫂"用樟木红漆八角茶盘捧出 5 碗热茶，这 5 碗热茶像叠罗汉式叠成 3 层：一碗垫底，中间 3 碗，围成梅花状，顶上再压一碗，呈宝塔形，恭恭敬敬地献给"亲家伯"品饮。"亲家伯"品饮时用牙齿咬住宝塔顶上的那碗茶，以双手挟住中间那 3 碗茶，连同底层的那碗茶，分别递给 4 位轿夫，他自己则一口饮干咬着的那碗热茶。这简直是高难度的杂技表演！要是把茶水溅了或倒了，不但大伙无茶喝，还会遭到"亲家嫂"的奚落。

"亲家嫂"向"亲家伯"敬"宝塔茶"时，通常还有一段对歌习俗。例如，当"亲家嫂"端出"宝塔茶"时，就会唱道："茶是好茶，我说大哥呀，茶是小姑子亲手采的，就等这一天来临好敬客。一碗一碗垒起，一天一天盼啊，日子都已垒成塔。人是佳人，小姑子要出阁，就请大哥你喝下这一碗碗茶。"此时，"亲家伯"也以歌回应:"茶是好茶,我说大嫂呀,这茶是我家小弟亲手帮着做的,正配大嫂的好手艺。这一碗碗呀,情浓于茶。人是俊郎,小弟今天迎娶佳人,我说大嫂呀,一碗一碗拆下喝了,好日子还得从头来。"

有时"亲家嫂"向"亲家伯"敬"宝塔茶"时,唱的是:"迎新花轿进娘家,大男细女笑哈哈;树梢橄榄果未黄,先敬一盘'宝塔茶'。"唱罢即给"亲家伯"敬茶,但"亲家伯"不能马上用手接第一碗茶,而要先和唱一段:"端凳郎坐真客气,又来泡茶更细腻;清水泡茶甜如蜜,宝塔浓茶长情意。"唱毕才按上述的办法去接"宝塔茶",并加以分发,且要喝完。

在中国传统文化不断进化的历史进程之中,畲家茶也在原住民的驯化下不断茁壮成长,加上自宋朝以来中原文化的不断渗透,太姥山成了中国白茶文化的发展高地,畲族茶俗也声名鹊起。

如今,福鼎畲乡已是"梯园层层绕村转,茶园条条绿油油",茶叶生产已成为畲乡家家必有的生产致富手段。特别是采茶季节,福鼎畲山依然保留着传统的畲家采茶歌。繁忙的茶季,姑嫂穿上盛装,背起茶篓,山歌调子哼起来,劳作便如节日一般欢喜。(雷顺号,2010.11)

外婆茶思

　　"你外婆一辈子就爱喝茶，临走了，还是没喝上最后一口茶……"每当母亲想念外婆，总是在端起茶杯喝上一口茶时，叹上口气说。

　　在我的记忆里，外婆总是悠闲地坐在八仙桌前，端起那把用了不知多少个年头的紫砂壶，慢慢地在碗口抿上一抿，端到嘴边，轻轻地吹上一吹，和大人絮叨着家事。我总爱站在那高大的八仙桌前，静静地瞅着外婆喝茶的动作，觉得外婆每次的动作相似极了，在我孩提时代的记忆中一直是这样，好像一直没有变。我甚至私底下，就把外婆喊成"茶娘"了，大人听了，只是哈哈笑着，说我这个孩子，还真逗！

　　外婆是真的喜欢茶，更喜欢悠闲地喝茶。最满足的事就是坐在八仙桌前，喝上一口茶，听着大老远赶来的儿女们，絮叨着家事，絮叨着儿女们的儿女……外婆的一头白发，还有那一脸的皱纹里，流淌着的都是那一种慈祥。小小的我就懂得那种温情了，而且很是感动，现在想来，那种感觉还是那么清晰可见，在心底暖暖地藏着。

　　老家房前屋后，种满一丛丛的茶树，茂盛地生长着，高出人一大头。碗口粗、大拇指粗的枝干数不过来。曾几何时，我尚处于童年时期，妈妈也还十分年轻，每年春夏，由于父亲在镇上茶厂工作，外婆都要来我家住上些时日，帮忙做农活。

《外婆茶》民俗文化节目表演

　　这个时节，外婆就要在茶园好一番忙碌了。妈妈陪外婆采茶时，我多半是要跟着的。每当此时，外婆便拿出让父亲早已为我精心选购的精巧别致的童帽，戴在我的头上，并在我的央求下取一只小竹篓挂在我的肩上。

　　其实，到了茶园我也只是瞎折腾罢了。从外婆身边跑到妈妈身边，有事没事的叫一声妈妈，妈妈刚转身我又早已跑到了外婆身边。却并不采茶，只是一会儿在外婆的茶篓里取一点，一会儿在妈妈的茶篓取一些茶，小小茶篓很快满满当当了，而我则把这些当作自己的劳动成果，在外婆和妈妈面前炫耀一番，或许外婆和妈妈顺势夸上几句，我便立即飘飘然，忘乎所以了。

　　日头太烈时，外婆和妈妈仍忙于采茶，我却早已躲在柚子树下看蝴蝶舞蹈、蜜蜂鸣唱了。柚子树的叶子密不透风，为我遮住了烈日的焦灼，花草清香阵阵，微风习习，真的好幸福，好惬意。

　　茶采到家里，展开了——盛在许多竹筛中，放在室内每一个阴凉通风的角落，失失水分，到了第二天，太阳出来了，又要将茶叶拉到家门口赶紧集中晾晒了。等茶叶七八成干，就可以上焙笼烘干了。

　　焙茶的日子，我们几个孩子，总会积极地充当大人的帮手，只是我们太小了，搬不动焙笼，他们不用我，又不敢爬上小凳子，就急得不得了，心里老大不高兴，但也没有人去理会我了，他们只顾焙茶了。焙茶那几天，外婆通常是也要来的。母亲便泡上收藏的最好的茶，母子就对着喝了起来，看着采茶的儿女们，舒心地笑着。外婆是要指挥的。按外婆的说法，焙茶是需要火候的，只有恰到好处地把握火候，才能焙出上好的"茶米"——"茶哥米弟"的风土人情由此代代相传。

"茶米"与其他茶叶的最大不同是，泡出来的茶水颜色泛着杏红色，透着亮的红色，很好看，也很香醇，喝上一口，全然没有茶所有的涩涩的感觉。

过上一段日子，估计外婆的茶喝得差不多了，我们就会到外婆家去送茶。通常是兄妹四个争着去，弟妹还小，而我是大哥，认得大山的路，送茶任务便落到我头上。到外婆家的路，很远，大约有二十里路，还要翻过一个不算矮的山坡。听说，原来这个坡上长满了白毛茶，每到夜晚就会爬出几只闪着金光的山龟来，还听说好像这个山坡在黄昏中远远看上去也像只大金龟，前后两个村子也因此出了几个官。后来有个人却偷偷将金龟挖了去，从此这山坡上就什么也不长了。每次走到这里，都有一种很害怕的感觉，拽着妈妈的衣襟不肯放手。还有一次，把"茶米"撒了一地，我一直在埋怨什么金龟，敢情来和外婆抢茶叶喝？

外婆，还是坐在八仙桌前，泡上一壶我们送来的"茶米"，听妈妈和姨娘们絮叨着家事。我们一群小孩子，就在宽敞的院落里玩起来。只是多年以后，我已记不清，外婆家的院子里有什么好去处。唯有外婆喝茶的姿势和那一头白发，在很气派的八仙桌前清晰着。

转眼间，我的淘气已把妈妈的满头青丝早早催得白发生了，妈妈青春流逝的代价换来我的青春的到来，但童年的乐趣却也是一去不复返了。青春年少的我常年在外读书，直至成家立业，很少有机会再见到外婆慈爱的笑容，外婆捎来的茶叶却一直陪伴身边。稍有余暇，便泡上一杯清茶，立即清香四溢，品上一口，余香满口，沁入心脾，精神倍振，满心温馨，仿佛看到亲人们满蕴着无私爱意的慈祥的笑容。

喝了一辈子茶的外婆，也就是我常喊的茶叶外婆，最终还是离开了我们，在我大约二十岁的时候。

临走的时候，外婆很想喝一口饭茶，儿女们却没有一个在跟前。外婆是努力想抓过那个紫砂壶，却掉在地上摔碎了……那一夜，外婆的四个儿女，没有一个在跟前。

母亲常常说起这件事，常常在喝着茶的时候叹口气说："你外婆一辈子就爱喝茶，临走了，还是没能喝上最后一口茶……"

采茶的外婆，驼着背，那是一辈子辛苦的痕迹，是岁月的记忆。外婆一生清苦，我从这茶里品味出几代人的沧桑。初饮茶，有清泉的甘甜，细品则有一丝丝清苦缠绕舌尖，直入肺腑，再慢慢感悟，缠绵柔缓，淡淡的幽香仿佛空山古韵流淌过几个世纪的空旷。我恍然领悟了大山的性格。

这性格流淌在母亲的骨子里，她的柔缓缠绵里隐藏着一种不屈的刚毅，我想那是自外婆的外婆就传承的山哈性格。岁月的清苦和人世的重荷压弯了外婆的脊背，扭曲了老人的躯体，却从来没有征服一个普通山哈女子自强和奋斗不息的精神，我知道这种精神流淌在外婆的整个家族中每一个成员的血脉深处。外婆没有读过书，但是我想《诗经》里"天行健自强不息"的描述当是对无数个像外婆这样的普通人的最真实写照。道不尽对外婆的回忆……

我从茶水里，看到了深山的清泉，看到了大山的影子，飘逸而厚重，宁静而致远。（茶小米，2007.7）

茶亭余香

历史的回音和温度总能在某个转角为后人倾听或触摸。穿梭在福鼎市磻溪镇吴阳山的羊肠小道间，转角出现了一处名为"吴阳"的村落。

在岁月流转中，茶亭施茶早已不止于"施茶水"，更是一种乡风民风。经过传统美德的滋养，吴阳畲民积德行善、惠同乡里。

（一）

己亥年初秋时节，我们驱车前往磻溪镇吴阳茶山，领略到茶山的无限魅力，感受到茶山的美轮美奂。那一座座青山紧紧相连，那一片片茶林息息相应，像是在欢迎远道而来的客人，用绵绵细雨的方式迎接，用烂漫朦胧的方式表达茶山的爱意，好唯美啊。

重走吴阳山古道

来到梯田式的茶园，看到一层又一层的茶树丛向山坡蔓延开去。细雨，倾泻在那片茶海，梯田深处，流水潺潺，片片茶花从诗意中走来，落户在秋风吹拂的吴阳山脉。爱，浸入茶芯的叶脉，情，便有了青翠欲滴的颜色。曾在你的蓝天下，倾听茶诗的雅韵，茶水飘香诗意，便成就了展翅高飞的灵魂。一路走，风景优美，空气清新。呼吸着无半点污染的清新空气，听着细雨朦胧的滴答声，望着这一望无际的翠绿世界，心中的忧愁早就抛到九霄云外。

你看哪，茶尖在山中自由舒展，棵棵白茶树相亲相爱，茶芯发出阵阵清香，那大自然的美景随处可见，处处生机勃勃，春意盎然。听说白茶树处处都是宝，这些茶籽，可以榨成茶籽油，长期食用，能延年益寿，也可以做出护肤品，还可以洗发护发预防脱发等。白茶树的好处，说也说不完啊。一路上，天高云淡，雨丝轻柔，那美景净收眼底。

若隐若现茶仙姑，如诗如画在人间。看，那采茶的畲族姑娘，安静地站在那片一望无际的茶海之上，犹如风中的女神，纯真，清雅。因为大自然的恩泽，所以这片茶海的风景，才变得更加璀璨夺目。

走路累得大汗淋漓，我们来到钟金华的朋友家，热情好客的蓝成宝哥哥招待我们，成宝专门煮了当地的营养汤特色菜宴请我们，好吃极了，真是舌尖上的美食啊。饭后，成宝用好茶招待我们。这吴阳山白茶，汤色杏黄明亮，茶味独特，韵味悠长，品起来先苦后甜，回味无穷。

畲族人待客真诚热情友好，喜欢用上等的茶叶招待客人，以显礼貌。那茶叶香气好，韵味清雅，喝完口里留香。随着时代不断进步，人们对茶叶的需求越来越大，茶农们的经济收入翻了一番，茶农富裕了，生活水平提高了，茶农们非常高兴，十分感谢国家的好政策。

吴阳山是一个得天独厚的好地方，原生态、原山、原水、原住民，一切的自然因素让我们看到了生态茶山的影子，特别是年轻的畲族企业家钟金华上来茶山看过之后，更是坚定了未来以合作社为名义建起生态茶山的想法。于是，钟金华与蓝成宝的吴阳原山合作社应运而生，不仅可以提高村民的经济效益，还能将茶山这个好地方推广至全国、全世界，让吴阳村得以充分发挥其魅力，也让村民的"家"越来越美好！

蓝成宝是一个帅气腼腆的80后小伙子，操着一口浓重的乡音。从他爷爷辈开始制茶，至今已传承三代人。前些年，由于白茶价格太低，加上村民外出打工，很多茶园无人采摘，便成了荒茶园，多的有二十多三十年了，这些茶树高有两三米，一年仅能采上两次，越不被人待见。如今，福鼎白茶热销大江南北，蓝成宝做的荒野白茶也成了抢手货。

令人称奇的是，市场上的普通白茶已经开始抢购，成宝做出的十来斤野生银针却压着不卖。来了一波又一波的淘茶客，他一点也不心急。他说，"采茶要看时机，做茶更要看天气，高山上气温低，懂行的人都会算准时间来的"。按照他家的规矩，我们定了茶青，委托他加工，等过了一周再来看货验收，即便如此，他也只能答应我们出几十斤茶叶，我也只能说"荒野茶实在来之不易了"。

（二）

历史前行，每天有新的事物诞生，也一定有某些事物在消亡。在现代文明的发展进程中，公路、铁路四通八达，信息因互联网时代也变得随时发布而无处不在，功能退化的破旧茶亭早已淡出人们的视线，湮没在历史长河之中，似乎也在情理中。

然而，畲家血液流淌的文明密码里，还存留着昨夜茶米油盐古道的风雨、茶亭上的记忆。岁月沉淀的记忆，模糊了匆匆行人，茶亭已成为道路风景的一种点缀、一种道路审美的意蕴，成为畲家人永恒的记忆。

吴阳山古道茶亭就是这样一个温情之所，也是个教化之所。延绵了千百年历史的古道、茶亭，是历代百姓和禅家行善积德、与人方便而集中体现的缩影。

根据当地畲民口耳相传，明清以前，吴洋山亦称"元山""原山"，意为磻溪山势起始之地，群峰山落之始母。2017 年 12 月，福鼎市政府同意"吴洋村"更名为"吴阳村"。

吴阳山古道，是过去方家山、蒋阳、赤溪、杜家，甚至霞浦县牙城镇乃至福鼎、柘荣、泰顺部分乡民通往福宁府、永嘉府的必经之路。相传很久以前，有位心地善良的畲族姑娘在枇杷树下搭建了一间茅草亭，备有茶水，供过往行人饮用。当过路人汗流浃背、口干舌燥时，有一大杯凉茶解渴，胜过甘霖玉露。至于这所亭子何年所建，村姑姓甚名谁，也只是流传于村民口中。根据福鼎茶亭文化研究者黄河先生考察：吴阳岭茶亭，为吴阳往返赤溪古道必经之路，始建年代无法考证，1969 年、1992 年两次翻修。

畲家人对茶亭难舍的情结，源于茶亭济世助人的公德心。渴时一滴如甘露，在人们最需要它的时候，它正张开温暖有爱的双手在前方等待。

茶亭的功用是多方面的，在见证畲家先民艰辛谋生的同时，也扮演着传播畲家文化的角色，茶亭成为客家饮食男女山歌对唱、萌发爱情、快乐与痛苦并行的地方。

吴阳岭茶亭

畲家青年男女日出而作、日落而息，婚姻几乎靠父母之命、媒妁之言，砍柴、挑担时在茶亭的短暂相遇，或是无意的一瞥，往往会心旌荡漾，以唱山歌去撩拨对方、释放感情烈火。

阿哥先以山歌"投石问路"，唱道：

> 吴阳岭上有茶亭，
> 茶亭里面等情人。
> 坐哩几多冷石板，
> 问尽几多过路人。

妹妹心领神会，试探着对方是否有诚意，唱道：

> 老妹约哥到茶亭，
> 泡杯浓茶会情人。
> 劝哥莫去论茶色，
> 入口才知味道清。

在茶亭的"自由世界"里，像这样露骨的情歌，对于歇脚的人来说，是最佳调料品，笑一笑，减轻了疲劳，谁也不会去究问"茶亭文化"是雅是俗，对偶遇的"无常野鬼"也会一笑了之。

如果把散落在山坳的吴阳岭茶亭比作菩提珠子的话，那南北贯通的吴阳山古道，就是串起畲家精神"佛珠"的红丝带。畲家人挑担子的艰辛汗水、赶考秀才的智慧之光，在时光里打磨光滑，吸纳畲家"耕读传家""吃苦耐劳"和"和睦乡邻"的营养，将这串庇佑畲家人的项链滋润得光彩照人。

蓝成宝说："小时候，听妈妈讲外婆的挑担子故事。从霞浦牙城挑盐过赤溪渡，上吴阳山岭往泰顺，再从泰顺挑布匹到牙城。十多年来，我执着地沿着吴阳山古道行走，一路寻访外婆当年的足迹。"在夕阳的余晖里，古道上荒草萋萋，一座座破败的茶亭显得格外凄凉，怎么也想象不出当年车水马龙、人声鼎沸的情景。

然而，在我们祖辈眼里，茶亭是力量，是温暖。古道连着茶亭，茶亭衔着乡风，蜿蜒曲折在坡坡岭岭。夕阳西风里的旧亭，在悠久的岁月里，曾是闽浙畲家人心中的一盏灯，无论风雨归途，还是跋涉歇脚，路途上那些风雨亭总是给他们带来无限的慰藉。

感恩，茶亭！我真想拥有一笔财富，挽留你多年即将消逝的背影：将散落于山间古道的茶亭，修旧如旧，悠悠古韵在斑驳沧桑的残垣破壁间传出；亭外植几株梅花或桃花，在春风荡漾的山谷里，我闭上眼睛，谛听昨日的秋声，捕捉畲家山歌的天籁余韵。

（雷顺号，2019.8）

畲韵廉风

　　说起广化村，一千年前，一代廉吏那声声震撼人心的锣鼓声依然荡气回肠，数百名广化村汉子，用鼓槌敲出中华民族的恢宏气势，被历史永远铭记。一千年后的今天，广化村畲汉交融，依然激情饱满，"仓廪实而知礼节，衣食足而知荣辱"，用勤劳的双手创造属于自己的幸福生活。

（一）

　　广化村位于福鼎市西北部，距管阳镇 3.5 公里。管沈线穿境而过，土地面积 6.1 平方公里。全村 2000 多人 600 余户，辖有24 个自然村，茶叶是当地村民的主要经济收入来源。

　　茶山，沐浴在仙山绿水的怀抱中，生长在人文流觞的诗韵里，风情在一年四季的飘香间。在茶山你可以，寻找瓯居海中的踪迹，搜寻渐远的人文故事，领略古刹古屋的风采，找到在时空中穿梭的古老的记忆。

　　早就听说广化村的茶山美景如画，别有一番韵味，但仅为耳闻并未真正一睹其真貌，这期间的缘由除了工作之外，更多的是自傲的自我意识，是游过太姥山绿雪芽庄园、香河山白茶庄园、鼎白佳阳后阳白茶基地、天湖山茶山之后，而对这样的乡村"野景"的嗤之以鼻。

　　就在这初秋的某日，闲来无事，加上福鼎市畲族文化促进会会长蓝进良的百般力荐，于是三五成群去寻找藏在茶山里的美丽。

广化茶山

　　初登广化茶山，就被其"野景"的恢宏所震撼。没有过多的人工雕琢，一切都是"野"的。公路随山势盘曲而上，穿过少许树林，似一条无尽的灰色带子，缠绕着翡翠般的山峦。一行人顺路前行，四周流动的那一片绿，让人兴奋。十几分钟的登行后，我们已不知不觉来到半山腰，驻足四望，整个村落尽收眼底，与身在其中不同的是，黄昏的象山在群山环绕之中似乎在向我们一行诉说着她的过去、现在和未来。

　　继续上行，不知不觉我们已置身蓝进良开辟的白茶园之中。此时已近黄昏，太阳从西方山峰间缓步踱下，脚下的芳草开始闪烁着晶莹的眸子，鸟儿也结束了一天的行程，采茶人陆续带着一天的收获下山，茶园停止了白日的喧闹，映衬着落日的余晖露出了微笑，可那吹过的徐徐凉风让叶片镀上金边，摇曳的身姿送来一曲曲爱的信号。

　　白日里采茶女的歌声似乎还在山间回荡，隐隐的歌词，古老而悠扬，似乎极为遥远，却又在邻近，树叶哗哗啦啦作响，好像是一首首采茶歌在传唱，吐出激动的希冀。

　　茶园旁的一条小路引起了我们的注意，好奇心促使我们前去一探究竟。

拾级而上，远远就看见一对石马屹立路边。近了，只见一座古墓隐身在草丛之间，带着天然古朴的纯洁。

山间的茶草，聚而无形，纯而有情。我们来到了此行的目的地之一——广化寺。庙宇不大，寺门也很小，称"寺"实为"小庵"的意思。

清幽间，传来守寺人热情的招呼声，于是，我们一行与其攀谈起来。据守寺人介绍，在管阳当地一直流行着民谣："金天竺、银象山、铜广化、铁西昆。"要知道，广化寺就在广化村，始建于隋朝开皇年间，兴于唐宋。因宋代廉吏陈桷一首《广化寺》诗歌扬名闽浙边界。

我们不由自主地读起这首诗："山高不受暑，秋到十分凉。望外去程远，闲中度日长。寺林投宿鸟，山路自归羊。物物各有适，羁愁逐异乡。"是啊，诗作传达了一种深深的怀乡之情和悠然南山超然物外的心境。

陈桷，苍南历史上第一个"探花"，出生于平阳蒲门（今苍南县蒲城），北宋政和二年（1112 年），22 岁的陈桷考中进士，廷对第三名，俗称探花，授翼州兵曹参军，历官至礼部侍郎，"以学行称"，被宋高宗称为"佳士"。

陈桷身经哲宗、徽宗、钦宗、高宗 4 朝，几与南宋王朝相始终。他不仅是满腹经纶的儒生，更是一员刚决明敏的才吏，曾多次在关键时刻为朝廷分忧解困，显示出政治家的眼界与才干。他一生坚持抗金，曾多次忤逆秦桧而遭排挤，仕途坎坷，起落无常。《宋史·列传》对其评价颇高。

大约是丁父忧，或者是某一次罢官回乡，陈桷来到福鼎管阳，后来选择雁溪作为自己隐居之地，还在邻近的广化寺马鞍山选择了一块永久的安息地。雁溪系赛江源头，具有鲜明的古冰川遗迹特征，现已成为闽东乡村旅游的一处奇特景观。广化一带乡村流传着一个美丽传说：陈桷梦见一位神仙，嘱其跟随雁群行走，必得福泽之地，因此紧随数日，见大雁落脚溪之头，于是择址筑庐而居，故名雁溪。陈楠墓位于广化村马鞍山的半山腰，坐北朝南呈"凤"字形布局，简朴庄严，正对着前方一组笔架形山峰。墓旁遗存石将军、石虎、石马，威武粗犷。

听完介绍，原先的失意顿无，敬畏之心油然而生。

自上而下，再次回到广化村石桥，栖坐其中，静听水声，轻享悠风，想象着它那可歌可泣的历史，想象着它那伟大的建造人，对人世间的一切似有顿悟。

（二）

傍晚时分，我们又漫步山间，来到南山下，走进蓝进良家里吃乌米饭，酷爱美食的我心中一阵窃喜，忙碌之余又可探寻我们畲家人的前世秘密。

据《福鼎县畲族志》记载，福鼎最早的畲民是明洪武二十八年（1395年）由罗源北岭搬到福鼎白琳大旗坑牛埕下定居的雷肇松一家6口。9年之后的明永乐二年（1404年），钟舍子由建宁迁福鼎店下西岐夏家楼屯种定居。此后，不断地有雷、蓝、钟、吴、李等姓氏从福州、上杭、连江等地迁徙至福鼎各处，大都定居在山区半山区地带。如再往前追溯，《福鼎县畲族志》的编纂者遍查雷、蓝、钟、吴、李五姓34本宗谱，均记载其祖籍来源于广东潮州凤凰山，

茶叶成为广化蓝姓主要收入来源

且系由水路乘船在连江马鼻登陆，到罗源再往北迁，散居于各地的。广化村蓝姓就是其中的一个支系。

在福鼎，畲族同胞以其聪明才智和辛勤劳动，与汉族人民一起，在改造自然、发展经济和自身解放过程中，创造了辉煌业绩，留下了许多宝贵的物质和精神遗产，特别是他们独具魅力的文化艺术和节俗活动，时时吸引大家的眼球，已成为福鼎文化长廊中一颗璀璨的明珠。

每逢农历三月初三，畲族都过"乌米饭"节，阖家共餐，办歌会盘山歌，通宵达旦，沉醉在一片欢乐、纯朴的乡情之中。

乌米饭是畲民用从山地里采来的野生乌稔树的嫩叶，置于石臼中捣烂后用布包好放入锅中浸，然后捞出布包将白花花的糯米倒入乌黑的汤汁里烧煮成的饭。

畲族乌米饭名副其实，吃起来连碗筷也被沾染成乌黑色。不过它的味道相当不错，吃一口清香软糯，细腻适口，别有情趣。倘若将乌米饭贮藏在阴凉通风处，则数日不馊。食用时，以猪油热炒，更是香软可口，堪称畲乡上等美食。

"山哈"乌米饭

有关畲族乌米饭的传说不一：其一，"三月三"为米谷生日，畲民要给米谷穿上衣服，故涂上一层颜色，祈祝丰年。其二，三月三虫蚁不作，畲民吃了乌饭，上山下山不怕虫蚁。其三，古时畲民与敌兵交战时，敌人常来抢米饭，畲民故意将米饭染黑，敌人怕中毒，不敢问津，畲民便安稳吃饭，有了气力，打败敌兵。其四，唐代畲族英雄雷万兴被关在牢房，他一顿能吃一斗米，母亲送来的饭却都被狱卒抢去，雷万兴想法让母亲将米饭染黑，从此，狱卒再也不动乌饭。之后，雷万兴越狱，于农历三月初三战死沙场，族人每年以乌饭悼念他。其五，畲族英雄雷万兴率领畲军抗击官兵，他们被围困在大山里，粮食断绝，以乌稔果充饥，畲军度过断粮关，并取得反围剿的胜利。雷万兴回军营吃尽鱼肉酒菜都感乏味，时值三月初三，他想吃乌稔果，就盼咐兵卒出营采撷。可是，这时乌稔尚未开花，那些兵卒只好采些乌稔叶子，有人出了个主意，将乌稔叶和糯米一起炊煮，结果糯米饭呈现乌黑色，而且味道特佳，雷万兴吃了食欲大振，于是下令大量制作乌饭，以纪念抗敌胜利，从而衍成风俗，世代相袭。

在畲族群众聚居区，乌米饭历史悠久，许多畲族群众都会加工制作。但大多是采取家庭小作坊的形式，产品也比较单一，不仅价格低廉、利润少，更由于知名度低，而难以得到顾客的认可。

福建山哈乌饭食品有限公司董事长蓝进良就是世居广化村的畲家汉子。"我们村里很多人都制作乌米饭，尊贵的客人来了也会为他做乌米饭尝一尝。"蓝进良说，可家庭小作坊的生产模式及销售方式，难以形成产业。

早在 20 多年前，蓝进良家就办起了生产乌米饭的家庭式小作坊。随着市场的发展和传统技艺的逐渐没落，蓝进良认识到，必须针对市场需求，不断转型升级，才能让畲族乌米饭得到市场的认可。

"早些年参加活动时销售乌米饭，顾客对这个畲族特色产品一无所知，甚至因其外形，连了解的意向都没有，甚至认为是添加了

检查乌米饭质量标准

染色剂。"回想起早些年的处境，蓝进良唏嘘不已。

2013 年，蓝进良等人成立了福建山哈乌饭食品有限公司，并对乌米饭技术、包装、文化宣传等方面进行了一系列改良。

可问题来了：乌米饭颜色乌黑，许多顾客由于不了解，往往认为其添加了染色剂，要想被顾客认可，还需要得到"QS"认证。但针对这一传统食品，主管部门难以找到相关参照标准进行批复，蓝进良和同事多方打探，并未找到通过认证的企业先例。

"既然没有标准，那就立个标准！"蓝进良等人下定决心，无论多艰难，都要拿到乌米饭生产的"QS"认证，这也有利于推动乌米饭技艺的传承。

终于，通过一年半的努力，2014 年 5 月，"山哈"获得了全国首个乌米饭"QS"认证。他们还对乌米饭进行权威的营养成分检测和毒理检测，确保让顾客放心食用。

非遗传承技艺要走进现代化社会，并非易事。为了立足市场，需要不断研发与更新产品种类，以追求产品的多样化，迎合现代人的消费需求。

乌米饭是畲族群众每逢重大节庆日的必备品，但对于其他人来说，并没有这种习惯。如何让更多的人接受乌米饭？

"对于现在的年轻人来说，食物最好又方便又快捷，我们想到了做即食食品。"蓝进良说。说干就干，在乌米饭的基础上，他们以即食产品为主思路，寻求福州大学、浙江大学等科研院校的帮助，不断研发更多品种的即食类乌产品。公司也定期派技术人员前往更高平台学习专业技能。

传统乌米饭保存期限较短，这样不利于标准化、规模化生产。在技术人员的改良下，公司以特殊工艺对乌米进行处理，并进行高温杀菌及真空包装。经过如此处理，乌米饭变得更加方便食用，保质期可达到 6 个月，产品远销北京、上海、浙江、福州等多个地区，并在温州、福鼎等地开设了多个"乌小米"实体旗舰店。

"从小作坊到现代化生产，我们深感老技艺的传承任重而道远。只有不断创新，才能发展。"蓝进良说道。下一步，公司将传承畲族白茶制作传统技艺，不断扩大生产规模及产能，并引导村民在原产地进行乌稔树、白茶的种植，催生全产业链发展。

冥冥之中，似乎渐得了佛心，在归程之际，一行人迷恋上了广化寺的烟火，不愿离去……

此时此景不断引起我的思忖：无缚的灵魂弯下脊梁，在众佛之间，寻找自己的前世今生。通往佛家的路还很长，多少人像潮水一样涌来，又像潮水一样退去，只有朝圣者还走在路上……

此时的夕阳即将消失天际，远处的村落在云烟里若隐若现，层层绿茶翻滚，执拗扬身，沙沙作响，相互碰撞出昂扬与崛起！在黄昏里，我瞑目蹲身，深深地沉思，稼穑艰难这样纯练而精简的话语，道出曲折艰辛的生命过程。人与物，物与人，勿至荒芜！

你看啊，天际的光芒从远处又发出一声声呼唤，我知道，蓝进良又将上路！（雷顺号，2019.9）

篇四

寻找小白

茶树是山茶科山茶属植物，起源于白垩纪至新生代第三纪，至今已有 6000 万年至 7000 万年历史。对中国而言，茶树栽培和茶叶生产大概有四五千年历史。瑞典科学家林奈（Carl-Von Linne）在 1753 年出版的《植物种志》，将茶树的最初学名定为"Theasinensis，L"，后又定为"CamelliasinensisL"，而"Sinensis"在拉丁文里就是"中国"的意思。这说明中国作为世界上最早发现茶树和利用茶树的国家，是得到世界公认的。

以此为背景，再来看福鼎白茶，不难发现其在世界茶树植物学分类上所具有的典型性。

福鼎白茶品类之丰富，在某种意义上即是茶产业之盛、茶文化之兴。不同品种的茶叶便暗含着不同的毫香蜜韵，这些丰富的自然信息从品种的命名和福鼎大白茶、福鼎大毫茶在中国茶树良种中的地位可以窥见一二。而今，这些信息又被商业化的福鼎茶企转化为种种带有很强的市场辨识力和视觉识别效果的品牌。

首先我们了解一下茶树品种，它是指人类在长期栽培过程中形成的、适应一定环境条件和栽培技术的一个群体。这个群体具有相对一致的生物学特性，有形态和繁殖相对稳定等特征。

根据品种的来源和繁殖的方法可分为地方品种、群体品种、育成品种、有性繁殖品种和无性繁殖品种。

地方品种，相当于农家品种，是在一定的自然环境条件下，经过长期的自然选择和人工选择而形成的，对当地的条件具有广泛的适应能力，在没有改良以前常常是一个比较混杂的群体。

群体品种，指没有经过改良的地方品种，以及有性繁殖系没有经过分离的品种，是由种子来繁殖的当地比较老的品种。

福鼎土生土长的有性繁殖茶树群体种俗称"菜茶""土茶"，最早属野生种，在漫长的岁月里任其野生（与其他植物自然杂交后）而形成了不确定性、多样性的特征。某些品性特征明显、品质优异、性价比高的菜茶被发现后，被冠以"小白茶"进行单株采制，选育出"大白茶"，又将"大白茶"进行无性繁殖推广，进而选育出福鼎大白茶、福鼎大毫茶国家级良种和歌乐茶、早逢春等众多地方品种。有些未曾被单株选育的菜茶，也被作为群体种通过有性或无性繁殖方式进行推广种植。

福鼎菜茶茶芽

菜茶

菜茶种子

其实每个茶区都有群体种，以前用种子来繁殖的应该都会有。

在福鼎，有当地的一些老品种，也就是地方品种，用种子来繁殖的，就称为群体种，也叫菜茶，俗称"小白"，被称为福鼎大白茶"始祖"。

据《福建地方志》和茶界泰斗张天福教授《福建白茶的调查研究》中记载，白茶早先由福鼎创制于清嘉庆初年（1796年），福鼎用本地菜茶茶树的壮芽为原料创制白毫银针（小白、土针）；约在咸丰六年（1856年），福鼎选育出福鼎大白茶（华茶1号）和福鼎大白毫（华茶2号）茶树良种后，于光绪十二年（1886年）福鼎茶人开始改用福鼎大白茶、福鼎大白毫的壮芽为原料加工白毫银针（大白），由于福鼎大白茶、福鼎大白毫芽壮、毫显、香多，所制白毫银针外形、品质远远优于菜茶，出口价高于菜茶加工的"土针"十多倍，所以约在1860年"土针"逐渐退出白毫银针的历史舞台。从1885年开始用福鼎大白茶、福鼎大白毫制银针后，1891年开始外销。

现在，采自福鼎大白茶、福鼎大毫茶品种鲜叶制成的成品茶称"大白"，采自福鼎菜茶群体品种鲜叶制成的产品茶，称"小白"，采自福鼎菜茶群体的芽叶制成的成品茶称为"贡眉"。

那么，群体种的优势表现在哪些方面？

群体种的优势是非常明显的。群体种当初是用种子繁殖的，又经过千百年的自然驯化适应，在气候环境土壤等条件下，它们世世代代这样繁殖下来。抗性非常好，比如在极端的低温、高温条件下，抗寒、抗高温、抗病虫害的能力比较强，适应性已经非常好，但缺点就是产量低。

用福鼎菜茶的青叶制作的成品茶称为小白茶，其外形短小匀整，色泽银白，有天然花香，香不强烈，细而含蓄，味醇厚甘爽，喉韵明显，汤色杏黄透明。虽叶底欠匀净，与其他茶拼配却能提高味感。

福鼎菜茶是一个优良的有性系茶树品种群体，是我国和世界植物分类学上中小叶茶树的代表种群，堪称茶叶品种的基因库。千百年来，作为福鼎（闽东北、浙南地区）原产的主栽品种，福鼎菜茶是形成福鼎白茶优良品质的种质基础和内在因素，没有菜茶，就无法形成今天各类品质优异的福鼎白茶。

其实，每一个品种引种到不同的地方，都要先适应当地的气候环境土壤等条件要求，如果本来它生在一个热带的地方，你把它种在比较寒冷的地方，它可能不适应，成活率也比较低。如果当地生长的气候条件也还能够适应，但相对于原来的产地，还是有不一样的地方，也要去适应这个环境去改变，自身就会产生变异。

当然，福鼎群体品种的栽培历史悠久，大概有两千多年的历史，经过长期的自然选择以及少量人工培育，形成了对当地环境具有广泛适应能力的有性群体种。过去当地人称其为土茶或菜茶。群体种的特点是由种子繁殖的，个体很多、特征丰富，有圆叶的、长叶的，也有瓜子形的，相比无性繁殖的品种，特性比较一致。

福鼎菜茶是有性繁殖的品种，个体之间自然传粉杂交，群体之内分离而混杂多样。1957 年，茶树育种专家郭元超、詹梓金和科技人员周玉璠等人对福鼎太姥山等地进行实地考察，发现有高大野生茶树，树龄均在百年以上。调查结果显示，以叶片外形为准，菜茶除了福鼎菜茶代表种（即本山菜茶中最多者）外，还有点头过笕的"牛角茶"、磻溪黄冈的"紫芽早"、白琳翠郊的"福鼎乌龙"、白琳翠郊和棠园一带的"歪尾桃"、叠石的"楼下早"等 20 多种类型。

菜茶和大白茶制成的白茶在口感和香气上有什么明显不同？

菜茶生长时间长（相对迟采 7 ~ 10 天），所受光照、积温比较多，因此物质积累要更丰富，香气的馥郁度、滋味的厚度要比大白茶要好，但大白茶采制的银针芽形肥壮、毫毛多。

选育或外引品种的扩张会对当地的茶叶品牌产生影响吗？

会有一定影响。福鼎白茶是有一定地理标识的产品，其对茶叶的加工工艺、品质都有一定的标准，外来品种可能达不到品质要求，而且外来品种的适应性、抗性会相对较弱。

例如贵州、四川、湖南等外省引进大白茶品种比较多、比较杂，生产的福鼎白茶，已经违反了福鼎白茶地理标识的规定，对白茶品质的下降有一定的影响。

菜茶有保护的价值吗？

有些人认为菜茶产量低，保护价值不大，这个观点是不对的。如果盲目引种，会使整个传统品种保持不下去。我们认为，虽然现在大家看到一点眼前的利益，但以后可能传统的名茶再找不到过去的影子，已经被毁掉了。

福鼎菜茶素来采用播种繁殖，由于各茶树花粉自然杂交，致使群体内混杂多样，个体之间形态特征、特性各不相同。福鼎大白茶、福鼎大毫茶等名茶品种，其实就是从菜茶中选出的优质群体。因此，人们把福鼎菜茶视为茶树品种的母体，或称为大白茶的茶树品种始祖。

保护菜茶群体种是一个很好的现象，虽然追求眼前利益经济利益的人很多，但如果能引导茶农往这个方向走，是一件非常好的事情，让老祖宗留下来的好的品种资源，能继续延续下去，是非常好的，也是能够做到的。（雷顺号，2013.6）

不炒不揉

六大茶类中，福鼎白茶不炒不揉，自然萎凋，最大限度地保持了茶叶鲜叶的内含物成分。

自清代以来，白茶生产一直使用日晒传统工艺，这与福鼎的茶青特征、地理位置、气候条件和当时可用的制茶设备相关。日光萎凋茶叶实际上很不容易控制，正如福鼎茶农所说："制白茶风险大，天热变红天冷变黑。"

（一）古代白茶

茶业界普遍认为绿茶是最早发明的，但是有些茶叶专家认为中国茶叶生产史上最早出现的不是绿茶，而是白茶。理由是我国利用茶叶已有四千年的历史，最初作药用，由于茶树萌发新芽有季节性，为了随时都能喝到茶叶，便将采集的幼嫩茶叶晒干收藏起来，这是茶叶加工的开端，也是一种古老的制草药方法。陈椽《茶业通史》载："如现时制白茶，可以说是制茶起源时期。"由此可见最早的茶，按制作方式应该是白茶，或者说这是中国茶叶史上"古代白茶"的诞生。

福鼎境内太姥山麓盛产茶叶，古人常用晒干方式制作成茶，我们不妨称其为"古代白茶"，太姥山人一直延续了古白茶制法。那些隐身在崇山峻岭之中的太姥山民和僧侣们，由于缺乏与外界的交流，仍执着地沿用晒干方式制茶自用，无意间将"古代白茶"制作工艺保存了下来。

太姥山区还有一项习俗，清明祭墓时顺手采摘一些茶叶芽芯晒干，回家后放在灶台烘干，或者用牛皮纸包装后放在干燥的灶台间，留作"退火"之药，其成品类似白毫银针。这里面就包含着白茶制作的工序：萎凋和干燥。

太姥山古代交通十分不便，文人墨客鲜至，留下的文献资料与摩崖石刻较少。庆幸的是明朝田艺蘅《煮泉小品》赞道："芽茶以火作者为次，生晒者为上，亦更近自然，且断烟火气耳……生晒茶沦之瓯中，则旗枪舒畅，青翠鲜明，诚为可爱。"指的正是白毫银针，而且明确指出，以日光萎凋生晒芽茶为最佳。

太姥山民保留着传统，就是把白茶晒干后密封保存，每年农历六月初六把白茶放在太阳光下进行晾晒，再密封。正应着田艺蘅所述：茶以火作者为次，生晒者为上。

至今在太姥山区的农村还可以喝到的"白茶婆"，或者叫"畲泡茶"，就是山民们用茶叶较为粗老的芽叶晒干制成的，有的晒干后放在热锅里稍微翻炒后（干燥）留作自用，将这种茶泡在大茶缸里，味道相当清爽，而且久置不馊，是夏天防暑良饮。这种茶叶类似现今的寿眉。

古代白茶和现时代的福鼎白茶有较大的不同，但核心是相同的，即通过日光萎凋方式制作白茶，而且不炒不揉呈现本色。由此可见，最初的白茶是远古时期太姥山人无意间共同创制的，今天的福鼎茶人保存了这项技艺并据此创制了现代工艺生产福鼎白茶。

（二）传统工艺

福鼎白茶传统工艺的制作工序只有萎凋和干燥两个过程，看似简单，其实奥妙无穷。萎凋方式有日光萎凋、室内萎凋、复式萎凋等，干燥方式有炭火烘焙和烘干机烘焙。

萎凋，一般是指在一定温、湿度和通风等情况下，伴随叶片水分蒸发和呼吸作用，叶片内含物发生缓慢水解氧化的过程。在此过程中，茶叶挥发青气，增进茶香，发出甜醇的"萎凋香"，这对白茶的品质起着重要的作用。

萎凋是白茶制作最为关键的步骤，是形成白茶品质的基础。

室外日光萎凋，俗称"日晒"，是民间传统工艺，利用户外日光的自然条件，使叶子逐步失去水分而自然干燥，有着"阳光的味道"。

袁弟顺在《中国白茶》中认为："白茶的萎凋并不是鲜叶的单纯失水，而是在一定的外界温湿度条件下，随着水分的逐渐散失，叶细胞浓度的改变、细胞膜透性的改变以及各种酶的激活引起一系列内含成分的变化，从而形成白茶特有的品质。"所以，这样的纯日光萎凋（日晒茶）十分依赖天气情况，耗费人工成本也较大，在成规模的茶叶生产上应用会稍微少一些。

20世纪60年代开始，福鼎白茶的萎凋方式产生了革命性的变革，从原有的纯日光萎凋，转变为室内加温萎凋方法。

室内萎凋设施由加温炉灶、排气设备、萎凋帘、萎凋鲜架四部分组成。萎凋室温控制在25℃～35℃，相对湿度为60%～75%。萎凋分三个阶段，前期温度稍低，中后期温度稍高。

圆匾日晒

竹匾日晒

室内萎凋

鲜叶进厂后要严格区分开老、嫩叶片，并及时分别萎凋。在此过程中，把鲜叶摊放在水筛上（俗称"开青"或"开筛"）。待萎凋程度达到七八成时，萎凋叶的表现为：叶片不贴筛，芽毫色发白，叶色由浅绿转为灰绿或深绿，叶态如船底状；嗅之无青气。此时需进行拼筛处理，拼筛后继续萎凋 12～14 小时，待干度达九成时，就可下筛拣剔。

在萎凋条件上，一般春茶室温要求 18℃～25℃，相对湿度为 67%～80%；夏秋茶室温要求 30℃～32℃，相对湿度为 60%～75%。白茶萎凋历时可达 52～60 小时。

室内萎凋的优点是，萎凋方法相对简单，在正常气候条件下，多采用这种方法。

室内萎凋的缺点是，该方法堆放叶片厚度较薄，含水量高时，不可堆放过厚，因此占用厂房面积大，设备较多。此外，它受自然气候条件的影响，不适于大生产，应用范围受限。最后，该方法需萎凋时间较长，生产效率相对较低。

复式萎凋，是将日光萎凋与室内萎凋相结合的萎凋方式。选择早晨和傍晚阳光微弱时将鲜叶置于阳光下轻晒，每次晒 25～30 分钟，晒至叶片微热时移入萎凋室内萎凋，如此反复 2～4 次。

复式萎凋

复式萎凋的优点是，春茶谷雨前后采用此法，对加速水分蒸发和提高茶汤醇度有一定作用。

复式萎凋也有一定的缺点，夏季因气温高，阳光强烈，不宜采用复式萎凋。因需要更换场地，工作量相对较大，对实现高效和标准化生产是一种考验。

利用透光材料制造萎凋房，既可以让阳光透射至萎凋房内，又能避免雨水和不良天气影响茶叶品质。萎凋房内还设置通风萎凋设备或者机械化滚动设备。这种萎凋是复式萎凋的一种更为便捷的方式。

上述三种萎凋方式各有利弊，但目的都在于适应天气条件，解决雨天加工困难的问题，同时控制青叶生化反应以达到适当的程度，提高白茶生产的质与量。

由于天气原因，室内萎凋或复式萎凋缩短了萎凋时间，往往造成内含物成分未完全变化。为弥补这一不足，对白茶萎凋叶还要进一步进行一定时间的堆积处理，使茶叶本身充分走水。

堆积，俗称匀堆、打堆。在生产车间里把萎凋叶进行蓬松堆积，堆积厚度25～35厘米，堆中温度控制在25℃以下，不能过高，否则会使萎凋叶变红。堆积时间历时几个小时到几天，等到萎凋叶嫩梗和叶主脉变成浅红色，叶片色泽由碧绿转为暗绿或灰绿，青臭气散失，茶叶清香显露即可。

干燥是白茶制作的另一关键步骤。

控制白茶干燥质量的主要因素包括：萎凋度、干燥机进料量、空气供给量、空气温度以及烘焙时间。大部分常见的白茶加工失误都发生在干燥这一阶段。具体来说，福鼎白茶干燥的目的有如下两个方面。

首先是为了降低水分含量，确保存放期间的质量，避免成品茶在存放过程中发生影响茶叶品质的物理变化或化学质变。一般来说，成品茶中水分的含量要小于7%；当含水量在7%以上时，会有较多的游离水，游离水会将氧带进茶叶中，导致茶叶渐渐变质。

其次是为了改善或调整茶的色、香、味、形。茶本身的香气不足，借外温（火）来提高香气（火香），这个过程中起作用的是化学变化。尤其是茶叶的拼配，必须借温度（火）的力量来稳定质量与品质。

白茶干燥工艺具有传统与现代两种方法，即炭焙和机器烘焙。

传统的方法就是用焙笼炭火烘焙。焙笼由焙蒂、炭锅（铁锅、草木灰）、焙置等组成。用炭火把焙笼加热到一定温度，用低温慢焙的方式，使茶香显现。精制后进行复焙装箱。

现代的方法是多用烘干机进行干燥。

采用烘干机进行烘焙时当萎凋叶达九成干时，烘干机进风口温度应为70℃~80℃，摊叶厚度4厘米左右，历时20分钟至足干；而七至八成干的萎凋叶需分两次烘焙，初焙采用快盘，温度90℃~100℃，历时10分钟左右，摊叶厚度4厘米：初焙后须进行摊放，使水分分布均匀；复焙采用慢盘，温度为80℃~90℃，历时20分钟至足干。烘焙结束后，应立即包装好，储放于干燥场所，以免受潮变质。（雷顺号，2008.10）

炭焙

毫香蜜韵

威廉·乌克斯在《茶叶全书》中写道："白琳茶条子紧而细小，优等茶多带有白色芽尖，是中国红茶中外形最好的。茶汤鲜明而芳香，但缺少浓味……""白毫茶……在形式上，乍看好像一堆白毫芽头，几乎全为白色，而且非常轻软，汤水淡薄，无特殊味道，也无香气，只是形状非常好看，中国人对这种茶常出高价购买……"这话让我想到了茶叶的香。

很久以前，在一场茶会上，我在讲福鼎白茶的香气特征，有一个茶友提了一个问题："雷哥，那毫香是什么感觉？"其实这个问题不难回答，但是对于很多人来说这种感觉难以捕捉。更甚至后来被讲得越来越多的"毫香蜜韵"，那到底又是如何具象化体现呢？为何又如此喜爱蜜韵？

所以我好奇的是，别人对于毫香蜜韵是怎么样理解，于是我只要有机会喝茶，就开始试着让他们描述他们对毫香蜜韵的理解。然后我发现一个很有趣的事情，原来大家对于这件事的理解居然偏差这么大，甚至有一些朋友还一时语塞，不知道怎么找词汇来形容。

我统计分析了一下，对毫香蜜韵的理解，有香气派，关键词是：空灵，清净，有野味，风骚，高锐，悠长，清幽。有滋味派，同样用词汇概括：鲜爽甜润，喉咙回甘好，细腻。还有体感派：让人感受到身心宁静、舒畅。还有通过喉咙回甘位置来体现毫香蜜韵的强弱。

虽然对于白茶香气的认同基本一致，但是对于毫香蜜韵是什么，却是一千个人，一千个观点。

茶叶的香气，成分复杂，化合物种类有几百种之多，严格按照科学说起来不但复杂而且乏味——决定清香的是反 -2- 己烯醛、反 -3- 己烯醇等，带来鲜爽香的则是顺 -3- 乙酸己烯酯、顺 -3- 己烯醇、芳樟醇等，带来果味香的则是苯甲醇、香叶醛、苯甲醛等。而所谓的青草气和粗青气，是因为含有正己醛、异戊醇、烯、顺 -3- 己烯醇等，老白茶"陈了"的陈味不过是顺 -2- 戊烯醇等成分在发挥作用。

人体的嗅觉是鼻腔中的气味受体对外来的挥发性物质的一种反应。在正常吸气过程中，吸入的气流携带的挥发性物质分子进入鼻腔与嗅上皮接触，嗅上皮上的嗅细胞接收到外界物质刺激，便产生了嗅觉。

听上去，像不像在上化学课？那么让我们看看容易接受的表达吧。

一般说来，有青草气或烟焦气都是加工失败的证据，好茶都是芳香扑鼻的，但是香和香不一样。笼统地说，白茶会有清香或者毫香，绿茶常常有板栗香，红茶往往有苹果香或柑橘香。如果说不同香型是香气物质玩的组合游戏，那么不得不承认，这个游戏玩得变化无穷、出神入化。白茶清香中时有淡淡花果香，铁观音有兰花香或者乳香，黄金桂有桂花香，传统的冻顶乌龙略带焦糖香，白毫乌龙有蜜糖香和果香，普洱茶经过多年陈放会有桂圆香，白毫银针则因独家拥有"毫香"而驰名海外。

说到海外，中国人总觉得日本的蒸青茶有生腥气，日本人倒是认为中国绿茶有釜炒香，这种釜炒香，大概介于板栗香与火香味之间吧？

对于很多人来说，品茶的核心永远是在乎茶之香气与滋味。特别对于那些刚接触茶的人，香气的愉悦性更具有决定性的作用，只要滋味不过于浓烈，但闻起来香香的茶，那便是好茶。一次在朋友家泡了一款自带的白毫银针，热水一冲下去，整个家顿时充满了柔柔的、甜甜的花香果香，大家都询问这是什么茶，怎么这么香。由这件事可以看出，正是香气的魅力，有着滋味所不具有的扩散性，比视觉更直接！

个人品茶经历中最难忘的，是有一次喝了别人送给我的老寿眉，竟有奶油香，就是弥漫于西饼店的那种浓郁芳香，然后茶味、回甘、喉韵依次绽放，令人叫绝。那种老寿眉的袋子上写着"电视塔牌"四字，其余一概不知，从此"云深不知处"了！后来到处查找文献资料，没有看到老白茶有奶油香的记载。

至于茶的味道，是由甜、酸、苦、鲜、涩诸味综合而成。多种氨基酸是鲜味的主要成分，酚性物特别是其中的儿茶素是涩味的来源，可溶性糖和部分氨基酸带来甜味，苦味物质主要是嘌呤碱特别是其中的咖啡碱、花青素等，酸味物质主要是有机酸。这些成分的多少，彼此之间的比例关系，决定了茶汤的滋味。对于白茶来说，决定茶味的是酚氨比——茶多酚和氨基酸的比例，比例恰当，则鲜爽醇厚。

当然，茶文化之所以成为一门学问，绝不会是一些化学成分、几组数据可以涵盖的。这里面人的因素也是至关重要的。像刘姥姥那样对着妙玉用旧年蠲的雨水烹制的老君眉，却嫌"就是淡些，再熬浓些个更好了"，与清代茶人陆次之（应该算和刘姥姥同时代的人）品龙井的一番话两相对照，便知此言之不谬。陆次之说："龙井茶，真者甘香而不冽，啜之淡然，似乎无味，饮过之后，觉有一种太和之气，弥沦于齿颊之间，此无味之味，乃至味也。"关于龙井茶、关于茶味，这番话真是令人击节，尤其"太和之气"四字，亏他从哪里想来！虽然只能意会，但却妙不可言。

茶之香，茶之味，已经玄妙无穷，引人入胜了，但是就像好风景不会止于山水，山水尽处，还可以坐看云起，香、味过后，还有茶之韵。上好的武夷岩茶有"岩韵"，而铁观音的华彩表现在于它的"喉韵"，而福鼎白茶则拥有一个不同凡响的专有名词，叫作——毫香蜜韵。

品味毫香蜜韵

　　以往我在讲课的时候，很喜欢用内含成分去解释毫香蜜韵的形成。后来更加觉得，我们对于毫香蜜韵的痴迷，表象是其香与味，但是更深入的是因为在我们骨子里对山水的喜好。

　　我们对于山水的喜好，可谓无处不在。写意山水画、山水诗、园林、书法、器皿、盆景等，都是围绕这山水审美而衍生出来的。但是在诗、画、器之中的山水，终究只有视觉上的审美，一泡白茶里面的毫香蜜韵，却可以从味觉与嗅觉里面体会到山水之间的味道。

　　那么这山水情怀又是从何而来？我认为是萌发于上古时期华夏民族以农耕为生、对天地自然的崇拜，发展于魏晋时期隐逸清玄的思潮，辉煌于唐宋时期的文化鼎盛时期。

　　中国的审美观的基石是源于我们较早具有农耕文明特性，因此我们更早地产生了对天地自然敬畏的意识，靠天吃饭这个观点看来在很早很早的先民中就已经深深地形成了。所以良渚文化中的以玉通天，河洛文化创造出来的河图、洛书，伏羲氏创造的太极八卦，这些都是来源于对自然的敬畏，是先民的研究总结，这些也奠定了中华文化中的自然美学观。

而西方则是相反，古巴比伦文明与爱琴文明都是以游牧民族为主的民族所建立，而由于其游牧文明的特性，生存要靠自己，因此游牧民族自然会产生对肉体和力量的崇拜，还有虚拟化的天神崇拜，因此从根源上产生了与我们不同的美学观。举个例子，西方人的雕塑画作都是呈现肌肉美、力量美的，而我们的传统美学范畴里面似乎对于肌肉与力量并不崇拜。

作为最古老的茶叶，福鼎白茶更是天工开物的生动例证。其发源于商周，种植于两汉，经传于南朝，兴盛于唐代，辉煌于宋元，创制于明清，衰微于民国，复兴于当代。在历史上，福鼎白茶是闽茶的重要组成部分，更是连接中外的重要外贸商品，以"毫香蜜韵"傲立茶界。

总之，茶有真香。或优雅，或浓烈；或清新，或陈醇……茶叶中散发出的迷人香气，总是令人愉悦。（雷顺号，2010.2）

寄情山水

茶味初见

千人千茶、千茶千味。一旦爱上茶，就意味着对一种生活状态的选择，宛如每个人的"十二个春秋"。

我们茶杯里的"十二个春秋"，茶汤色泽杏黄，充满活力和青葱，今年是它的第一个春秋，十二年之后，我们会在哪里，会怎么回忆这杯茶，而它又会变得怎样？

喝福鼎白茶，你沏，我饮，等待的是一盏温热后的回味。之所以有人称福鼎白茶为喝茶人的"终极选择"，一方面是指福鼎白茶的香气丰富，滋味丰足，口感丰满，另一方面是因为品味福鼎白茶需要较高的品茗水准，非此道高手不能为之。

喝茶，拿起、放下而已；但妙就妙在整个品茗过程，一杯一盏会有不同的感觉。甚至有"千人千味之感"，而茶类之中，福鼎白茶把这句话阐释得淋漓尽致。有人曾说品福鼎白茶，品到极妙处仿佛有爱恋的滋味，这话不假。但也有人说"茶过三巡，便索然无味，和当初的芳香大相径庭了"。

其实，福鼎白茶品味起来较为复杂，香气、滋味、生津、回甘，各领域均有涉及，在口腔之外，喉韵、气感这些独有的体验更需要细细体会。而且因为海拔、树龄的差别，福鼎白茶会拥有迥异的表现，随着储存时间、环境的不同，即使同一款福鼎白茶也会拥有不同的味道，这些都让福鼎白茶的品饮，成了对品饮者的水平的考验，也让白茶爱好者们深陷其中不能自拔。

茶叶的香型气味，据说有数百种，很多味与我们周边的一些

台湾茶艺名师谢明素老师在品鉴白茶

参照物相似，故而多用参照物来形容；又因各人嗅觉味觉敏感程度大不相同，故而对同一种茶所形容出的香气滋味也大相径庭。这是没法子的事，现只能将形容福鼎白茶的 30 种气味全部收罗如下，并浅析其味的成因，姑且对号入座。

（1）毫香：最具特色的福鼎白茶香气。顾名思义，就是"毫"所表现出来的香气，与"粗"相反，这种小芽未展的鲜嫩也独具一种特色之香，让人更觉清新可人。白毫是茶叶嫩芽背面生长的一层细绒毛，干燥后呈现白色，如果保持其不脱落，茶叶显现白色，为白茶，浸泡后，白毫仍然附着在茶叶上。

（2）清香：这是当年新白茶最常用的一种香气描述，以其有清鲜淡然之意，与浓郁芬芳截然不同，让人嗅来有素雅之感，如深山老林、广袤草原之气，无扑鼻之香，却自然和谐，让人舒适。茶叶的清香的气味分子构成主要是青叶醇以及一些简单脂肪族分子。萎凋初期，随着叶温上升，顺势青叶醇大量挥发以及转变成反式青叶醇，加上一些高温下降解产生的简单脂肪族分子共同形成了清香的特征。

（3）鲜爽型花香：花香在福鼎白茶中很常见，而且表现得多种多样，其中很多具有鲜爽花香特色的白茶往往令人印象深刻。这种类型的花香或如铃兰，或如百合，虽可香得扑鼻，香得透墙，香得沁人心脾，但香得纯粹，只是一种纯嗅觉的享受，不似果香蜜香一般嗅来令人流涎生唾。对白茶的鲜爽型花香贡献最大的物质是芳樟醇，这是一种高沸点香气物质，通过萎凋将以青叶醇为代表的低沸点香气物质挥发掉后，其如百合或铃兰的花香就显现出来了。

（4）甜醇型花香：此类香气或如茉莉，或如栀子，嗅来令人愉悦，往往使人不自觉地深呼吸，精神更为之一振。此类香气在生茶中极为常见，β-紫罗酮、茉莉酮以及部分紫罗酮衍生物等香气物质在生茶中都参与了这种香型的表现。这些香气物质基本在加工过程中生成，沸点高低不同，不同含量不同比例又会产生不同的效果，是白茶香气特色多样的原因之一。

（5）日晒味：常见于室外日光萎凋的新制白茶，这种气味嗅来就如同晴天晒好的被子一样，俗称"阳光的味道"。光线能够促进酯类等物质氧化，其中紫外光比可见光的影响更大。长时间的光照能引起茶叶化学物质的光化学反应。

（6）陈香：陈香常见于老白茶。陈香是老白茶的核心香型，纯正的陈香是老白茶的代表香型，其他的香型都是在陈香的基础上来谈的，没有陈香就不是合格的老白茶。陈香嗅来类似于老木家具散发出来的那种深沉香气，但更具活力，与其他茶类摆放久了发出的呆滞的陈旧气息不同，老白茶应有的陈香是陈而有活性的，并无沉闷之感。"活性"是老白茶的品鉴节点，是整个老白茶鉴赏中可以一以贯之的核心要素。陈香是一种复杂的混合香气，是陈味、木香、枣香、药香等类型气味的混合表现，涉及的香气物质众多，其中对白茶陈香贡献最大的有1,2-二甲氧基苯、1,2,3-三甲氧基苯、4-乙基-1,2-二甲氧基苯、1,2,4-三甲氧基苯等，它们都属于在发酵中生成的物质。

（7）蜜香：蜜香在白毫银针中较为常见，白茶在存放过程中能长期表现出蜜香，而且这种香气持久耐闻，又易于描述和理解，因此容易被记住。具有蜜香的白茶品质极好，有时候喝一泡蜜香纯正的白茶，可以一整天都在口中留有余韵。蜜香与毫香的配合，构成了大部分福鼎白茶在陈化初期的醒目特征——毫香蜜韵。形成蜜香的主要香气成分是苯乙酸苯甲酯，该物质沸点较高，因此散逸缓慢，能较长时间存在。此外苯甲醇也具有微弱的蜜甜，对蜜香也有一定贡献。

（8）果香：此种香气在白茶中普遍存在，或如苹果，或如柠檬，或如甜桃，或如桂圆等。果香形成原因不一，有些是因为本身具有水果香的香气物质得以显现，有些则是因为具有几种香气混合而形成的效果，因此虽然常见，却不易捉摸。如苹果香在青气将散的新茶中常见，桂圆香在存放了较长年份的白茶中时有见到，但更多具水果香的茶，都是偶有所见，如羚羊挂角，难以捉摸。与之相关香气有部分紫罗酮类衍生物，以及具有浓甜香和水果香的部分内酯类，具有柠檬清香的部分萜烯族酯类，还有在加工及储存中产生的芳樟醇氧化物。

（9）药香：药香属于老白茶专属香气。药香自然就是中药之气，如人身处药铺所闻到的中药气息，其实就是陈放很久的草木之气，因为茶叶也是草木，在陈放久了以后，自然也会出现类似气息。在南方气候湿热的地区茶叶陈化更快，因此数年之后就可能感受到药香，而在北方干燥气候中存放则长时间内难以有药香出现。

（10）枣香：这种香气嗅来如干枣，有些甜糖香有些木韵，一般是老白茶才具有的特征。枣香在老白茶中是非常经典的香型风格。这种香型往往在原料比较粗老的寿眉、贡眉中容易出现，因为粗老叶的总体糖类含量更高，在发酵过程中也能生成更多的可溶性糖。当糖香达到一定水平，就能与木香等其他香气混合而表现出类似干枣的香气。

（11）梅子香：通过一定时间存放的白茶经常会出现梅子香，在老白茶中是非常好的经典香型，最具代表性的梅子香嗅来有清凉之感，又略微带酸，恰同青梅气息，受到广泛好评。为何梅子香如此令人喜爱？主要原因是一种心理作用，即对比效应。当我们在单一香型中加入一点点的其他不同香气，就会使得两种香感都更加突出，梅子香中的对比效应就非常典型。有些茶因为发酵不当或是存放不当出现不良酸气，往往被人牵强附为梅子香，但这二者区别很大。梅子香自然舒适，与茶搭配无违和感，而不良酸气则显得突兀。有梅子香的茶滋味纯正，而有不良酸气的茶茶汤滋味也发酸。

（12）荷香：荷香是来自幼嫩的白毫银针、高等级白牡丹，一般也都是散茶，冲泡之前在赏茶时，可以从茶叶闻到淡淡荷香。荷香所以能够从青绿浓香中留下来，必须要有良好的条件配合，而荷香的持续保存，更需要妥善的处理。荷香属于老茶香，从刚打开的密封的白茶中，可以闻到一股荷香轻飘。

（13）干果香：此种香气在福鼎白茶中较为罕见，或如苦杏仁，或如松仁，或如槟榔等。具有干果香的白茶往往是存放相当年份的陈化度较高的老白茶。直接相关的香气物质有具有苦杏仁香的苯甲醛，有干果类香气的茶螺烯酮和2-乙氧基噻唑。

（14）桂圆香：这种香气嗅来如干桂圆，通常出现在级别较高一些的白茶（白毫银针）中，具有桂圆香的白茶往往是在加工过程中用文火慢炖的。在白茶中桂圆香与枣香有类似之处，但往往不如枣香醇厚。

（15）樟香：樟香多在存放时间较长的老白茶中出现，嗅来如香樟木，有沉静自然之感，与樟脑味并不尽相同，有些发霉变质的茶会具有颇似农药般的刺鼻樟脑味。与樟香有关的香气物质主要有莰烯和葑酮，二者都是具有樟脑味的香气成分，混合花木香而表现为令人愉悦的樟香。

（16）参香：类似于人参的香气，常见于在高温高湿环境下存放过的老白茶。在白茶的香气成分有和人参香气成分类同的部分，比如具有泥土气息的棕榈酸和具有木质气息的金合欢烯均可在人参的香气成分中找到。白茶中人参香特征的构成除了这些物质外，还有部分木质香气和甜香的参与。

（17）野菌香：野菌香一般出现在荒野白茶中，嗅来令人嘴馋，非常能勾起人的饮茶欲，是非常经典的香气。野菌香往往伴随着高级的品质，其香气构成主要是亚油酸转变而成的一系列八碳风味化合物，如 1- 辛烯 -3- 酮、1- 辛烯 -3- 醇等，该类物质沸点低散逸快，因此贮藏年限较长的白茶不容易保留野菌香。

（18）糯米香：属于天然芬芳物质和丰富的营养成分，其香味类似新鲜的糯米散发的清香，因此得名"糯米香"。

（19）糖香：糖香在高海拔地区的白茶中较为常见，其中以冰糖香最为突出，它往往伴随着强劲的回甘与凉爽的喉感，因此是茶叶品质优异的特征。还有如甘蔗香者，也自成风格。糖香的构成一方面与蜜香甜香有一些重复之处，另一方面就是一些糖类本身的香气。可溶性糖在白茶中含量很高，一般占干物质的 4%～7%。我们常说的高山荒野老树茶就是冰糖香。但此处所说糖香是对白茶品质做出肯定判断的积极香型，并不包括下面将要描述的焦糖香。

（20）焦糖香：这往往是在白茶加工不得要领的时候出现的特色，颇受人关注的巧克力香亦属此类。这种香气给人的感觉如面包、饼干等烘烤而成的食品中的甜香，在食品工业中这非常重要，是积极的。但是放到白茶里面，却适得其反，它意味着茶叶经历过高温的萎凋或烘焙，导致茶叶活性下降，一些与后期转化密切相关的物质如残余酶等会被大量杀死，这就严重伤害了白茶该有的特色品质，所以从这种观点上来说，从长远来看，这种带有焦糖香的白茶不适宜于长期存放。

（21）火味：福鼎白茶长期储存必须保持含水量在 5% 以下，才不至于变质、变味。所以干燥是保持福鼎白茶茶叶品质的关键。因此，干燥时，不宜一次进行，温度宜从低至高，缓慢、分次进行。高温干燥的茶叶即带火味，带火味的福鼎白茶茶叶生硬不滑，入喉无回韵。

（22）霉味：因茶叶发霉而产生的不良气味，嗅来刺鼻，令人不悦。通常见于存放不当的茶，比如在温湿度过高环境下长时间存放而腐败变质的茶。

（23）烘炒香：有时会出现在制作不当的白茶中，是应该尽量避免的香气，如板栗香和豆香都在烘炒香之列，烘炒香就是通过热化学作用而形成的气味。在很多食品以及其他茶类中都属于积极香型，但福鼎白茶的品质特征决定了其不应经过高温，因此烘炒香的出现对白茶品质评价来说应减分。烘炒香的化学成分主要是一些含硫含氮的杂环化合物，必须在高温加工中才能产生。

（24）堆味：堆味是从形容"发酵渥堆"上来的，就是描述一种类似混合酸、馊、霉、腥等不良感觉的发酵气味，在新制熟茶中普遍存在，传统白茶工艺不允许有渥堆，但新工艺白茶制作有堆积发酵工艺，这是一个长时间而且复杂的变化过程，数吨至数十吨茶叶堆放在一起发酵（发酵度 10%），不可能做到绝对均匀，因此部分发酵过度和不足的茶叶就会产生一些不良气味，而如何将这种不良气味在加工完成的时候降到最低，就很考验加工技术了。如果没有发生严重的发酵不足或者是过度发酵，那么根据堆味的浓度，通过长短不同时间的合理仓储，这些不友好的气味就能被自然分解散逸而展现出陈香。

（25）水焖气：常见于用雨水叶制成或萎凋焖堆而不及时干燥的白茶。如同炒青菜时用锅盖焖过就会产生气味一般，茶叶加工的小环境中如果出现湿热不透气的状况，就会产生类似气味。

（26）生青气：常见于萎凋不足的白茶，似青草的气味。因鲜叶内含物缺少必要的转化所致。

（27）粗青气：常见于原料粗老的寿眉、贡眉、低等级白牡丹，似青草的气味。因为鲜叶粗老、含水量少，在萎凋过程中必须采用"老叶嫩杀"，即萎凋时间短杀青温度低，技术不够就很难保证青叶醇等相关青气物质的消散，因此常常会有粗青气。

（28）烟熏味：烟熏味并非茶之本味，乃是在加工或贮藏中受浸染而成。烟熏味属于茶叶中常见的异味，对白茶品质影响较大，尤其是炭焙工艺的白茶更容易带有烟味。烟味的相关物质很多，最主要的是愈创木酚和4-甲基愈创木酚，这些物质沸点高散逸慢，因此通过存放使得烟味消散难度很大。

（29）烟焦味：烟焦味是白茶中常见的不良气味。其产生源于萎凋温度过高，部分叶片被烧灼而得。因此烟焦味往往在加工很粗糙的白茶中才出现。

（30）酸菜气：在新工艺白茶中，时常会有与酸菜类似的酸气。很多老厂的加工师傅制茶时，会在萎凋之后将茶堆起捂一段时间，有了这样的一道工序，茶叶在干燥之后色泽会显得更深，口感会更醇和，香气也会有所不同，但是如果捂得稍有过度，就会出现类似酸菜的气味。

说了这么多福鼎白茶常见的气味，有时候我们说茶喜欢喝就行，可以不必懂。但今天我们要告诉你的是：择茶与喝茶一样重要。如果你只是想喝比水有味道一点的东西，那么你可以不必懂，但你要是想喝好茶，那么，你还是需要懂一点茶的，至少也要了解一些才行。

那么，我们怎样才能挑到一款好的、适合自己的福鼎白茶呢？

首先，挑好茶我们需要有一种谦逊的态度。

相信大家一定见过或者听过一些茶友走进一家茶店，第一句话就说："把你们店里最贵的茶拿来泡着我喝喝……"如果店家不泡，肯定少不了一场唇枪舌剑，如果店家泡了，也很有可能受到茶友对这款茶各种不满的评价。如果是这样的话，我想无论店家脾气再好，也不会开心的，你也不可能再在这里喝到好茶了。所以，如果想要挑到一款好茶，首先要尊重店家，保持一种谦逊的态度，不要戴着有色眼镜去挑茶。

其次，学会聆听，用心去感受茶本身的滋味也是挑到一款好茶必不可少的因素之一。

茶，一片叶子的故事，从萌芽到冲泡品饮，每一款茶都经历了不一样的旅程和故事。一山一寨、一地一味是白茶的一大特点。每一款茶都需要我们去用心地感受它口感滋味的不同。所以，我们在喝茶的时候要学会聆听，聆听茶释放给我们的信息，聆听茶主人告诉我们的信息，聆听我们内心深处对这款茶最真实的感受。

再次，我们还需要有理性、有规划地去择茶。

冲动消费是每一个人都会有的，区别只在于有人能很好地控制，有规划地进行茶品的选择，而有人很有可能就是花了很多钱，却没有买到自己想要的茶或者说是适合自己的茶。这就需要我们在挑茶的时候保持一个清醒的头脑，理性地对待店家推荐的茶品，有计划地选择适合自己的茶品。

最后，要不断提升自己对茶的品鉴水平和对茶的了解。

世界上并不缺少美，只是缺少发现美的眼睛。同样，世界上也不缺少好茶，只是缺少发现好茶的你。所以，我们在平时喝茶的过程中要慢慢地加深自己对茶的了解，提升自身的品鉴水平，比如茶的香气有哪些种类，茶汤滋味淡还是薄，回甘生津快还是慢等。只有这样，当一款好茶摆在你面前的时候你才不会错过。

其实，好茶既是有标准的又是没有标准的。

观叶底

　　一款好茶，从原料工艺到存储冲泡，每一步都是很重要的，只有每一个步骤都足够考究，我们的茶品才会越陈越香，所以，好茶是有标准的。而针对原料有保障、工艺考究、仓储良好的白茶，我们每一个人所喜欢的口感滋味又是有差异的，千人千味，你喜欢的茶也许并不适合我，所以，好茶又是没有标准的。

　　古希腊先哲赫拉克里特曾说，人不能两次踏进同一条河流，同样，我们也不能两次同饮一杯茶。我们脚下的"十二个春秋"跟随岁月流逝，杯中的"十二个春秋"也在不停地变化，下一个轮回，我们一定还记得今天的茶和故事。（雷顺号，2013.1）

"别"有滋味

茶有各味，而那味道，是甘、醇、滑、润，还是苦、涩、薄，喝了，你就知道。

一片茶叶，经开水冲泡，成为茶汤，被喝茶者饮用，才能称之为饮茶。

水，赋予一片茶生命的温度与厚度，也延伸了一片茶生命的长度。因为茶，水也从无色无味到人生百味。在茶的世界里，尽可沉下心来，感受世界万物赋予的灵气。

茶中各种有机物质的体现，无穷意会的回味，都是通过水来实现的；茶的各种营养成分和药理功能，最终也是通过水的冲泡，经眼看、鼻闻、口尝的方式来达到的。

历经千年茶史进化及演变，最了解茶的是水，各茶各味也为水所熟知，融在水里的味，只待您去细品慢尝，方知其味道。

你是否也曾有过这样的感觉：同一款茶，今天、昨天、前天，总是喝不到曾经最喜欢的味道。

一杯茶的整体味道，主要是由苦、涩、鲜、甜构成的。

苦味，主要由茶多酚、咖啡碱构成，苦味是所有的茶都不可缺少的滋味，如果没有苦味，总会觉得少了点什么。

涩味，涩味是口腔中感到干燥、收敛的一种感觉。苦味、涩味共同形成了茶汤的浓度、刺激性。

鲜味，类似味精的鲜爽味，主要由茶中的氨基酸构成。鲜味能缓解茶的苦涩味，增强甜味，嫩茶的鲜味尤其明显。

甜味，主要由茶中的氨基酸、糖类物质构成。在刚入口或咽下之后都可能会感受到甜味。

人喝到嘴里的茶味，其实是苦、涩、鲜、甜共同作用的结果。

喝茶的人会因为喝不到最美的味道而感到遗憾；卖茶的人会因明明同一款茶味道不同被质疑而苦恼！其实这都是有原因的：

（1）天气

下雨、下雪、烈日、刮风等天气下喝茶，因为气候不一样，泡茶时心情也不一样。

因为气场的改变，茶的香气和茶汤也会不一样。所以，几乎每时每刻泡出来的茶都会有细微的区别。

（2）心情

喝茶，讲究的是平淡。当你浮躁时，泡茶的过程也就跟着浮躁了，当你忧郁时，泡茶的手法也改变了，或许茶的灵性就会跟你擦肩而过了！所以心情不同，泡出来的茶滋味也会不太一样。

在喝茶的过程中，茶性会跟着你的心情而变化。

（3）时间

一样的茶叶泡出来的茶，在清晨、中午、夜晚来品，都会有不同的味道，类似于第一点。

（4）身体

上火或者感冒、抽完烟，这样的身体情况下，舌苔增多或鼻腔有烟味，人体的味蕾和嗅觉的灵敏度就会不够，即使茶本身没变化，品饮者感受到的茶性也不一样了。

（5）环境

喝茶与喝茶时的环境同为重要，并且不同的茶叶适合于不同的场合来品。这与书法有着同样的道理，不同的书法作品适合在不同的环境中放置，同一张书法作品放置在不同的环境中给人带来的感觉也是不同的。举个例子，弘一法师的书法给人一种内心的平静，且富有禅意，适合悬置于茶社、禅室，而颜、柳的楷书端庄稳重，结体严谨，适合碑刻或牌匾。

　　大多时候我们品茗希望有一个安静、干净、舒适、美丽的环境，再加上品茗时的茶香，使人神怡心旷，一茶在手，能渐渐消除疲劳，舒缓身心。

　　（6）对象

　　人是万物之灵，在茶艺诸要素中，人是茶艺最根本的要素。茶艺人要仪表美、风度美、语言美、心灵美、行为美。

　　喝茶从一冲一倒，一提一放开始，端起的是理想，放下的是失望。掀开壶盖，满是灿烂的芳香。这一刻，懂不懂茶已不重要，重要的是一人得幽，二人得趣，三人成品，于尘世偷来闲暇时光，才是人生一大乐事。

品味方家山

苦、涩、鲜、甜这几种味道，一个也不能少。

感受茶汤的苦涩味，主要是看苦涩在茶汤中是否协调，在增强茶味的基础上，又不会长时间占领口腔。苦涩能够慢慢化开，苦中有甜，先苦后甜，方是好茶。

理论上，同一款茶，水质相差不大，它的茶香是不会有太大改变的。只要能够静下心来品茶，每泡茶都会给你不同的美妙感觉。

茶，生于天地之间，便有了道的韵致；长于释门之前，便有了佛的禅性；品于文人之间，便有了诗的雅兴；行于官场之中，便染了朱门的贵气；转于商海之上，便添了世故的俗意；流于市井之间，便熏上了人间烟火味。

撷一捧茶，经水涤荡，尘埃落定般恬静自若，雅香淡然，醇厚滋味，甘甜回味久久回旋。

茶之味，止渴消暑之处，即是茶境。

品之，心致安宁之处，即是茶境。

而茶，历尽人情百态；生旦净丑，化身苦涩甘甜。

尝尽各茶各味，是苦，是涩，还是甘醇，其味，喝过就难以忘怀，那是存在记忆中的味道，沉淀出浓厚情愫。即使经时间长久打磨，也如老白茶一样越陈越香。

茶之本味，亦俗亦雅也。其实，有茶喝便好。（雷顺号，2017.3）

吃茶养生

《黄帝内经》说："不治已病，治未病。病已成而后治之，譬如渴而穿井，不亦晚乎。"

很多人平时不注意养生，等生病了才去治疗，就像口渴了才开始挖井一样，为时晚矣。

药疗暴烈、食疗温和。日常生活中只要饮食得当，就可以吃走疾病、吃出健康。

饮茶就是食疗的一种科学养生方式。

从前，为老人祝寿常用"福如东海，寿比南山""天地同寿，日月齐光"等吉言吉语；此外，还有用米、白、茶祝寿的。

采茶

"米寿"指八十八岁，因为"米"字上下两个八，中间一个十字，合起来就是 88；"白寿"为 99 岁，百字少一横即白，百与白还谐音；"茶寿"指 108 岁，"茶"字上面是二十八，下面是八十，加起来便是 108。

诺贝尔奖获得者杨振宁在他 88 岁"米寿"那年，借用冯友兰先生给同龄好友金岳霖教授祝寿的话"何止于米，相期以茶"，表明自己正信心满满地向"茶寿"进发。

2017 年 6 月 4 日 9 时 22 分，中国知名茶学家、制茶和审评专家张天福在福州逝世，享年 108 岁。张天福先生生于 1910 年，按中国传统虚岁方式计龄，2017 年是老人 108 岁茶寿之年。老人曾经说过喝茶可以长寿，他自己就是喝茶长寿的代表。

说到茶寿，自然会联想到茶疗。说起"茶疗"，古往今来流传着不少十分有趣的故事。

相传神农为了普济众生，尝百草，采草药，曾日遇七十二毒，因得茶而解。神农距今已四五千年，这说明茶能祛病益寿这一点很早就为我国先民所认识。

据《宁德茶叶志》记载，相传尧帝时，太姥山下一农家女子，因避战乱，逃至山中，以种蓝为业，乐善好施，人称蓝姑。那年太姥山周围麻疹流行，乡亲们成群结队上山采草药为孩子治病，但都徒劳无功，病魔夺去了一个又一个幼小的生命，蓝姑那颗善良的心在流血。

一天夜里，蓝姑在睡梦中，见到南极仙翁。仙翁发话："蓝姑，在你栖身的鸿雪洞顶，有一株树，名叫白茶，它的叶子晒干后泡开水，是治疗麻疹的良药。"蓝姑一觉醒来，立即趁月色攀上鸿雪洞顶。顶上岩石磊磊，杂草丛生，荆棘遍布。她急于找到那株茶树，一切都顾不得。突然，她发现榛莽之中有一株与众不同、亭亭玉立的小树，眼睛一亮："啊！是白茶树！是白茶树！"遵照仙翁的嘱咐，她迫不及待地将树上的绿叶采下来，装进揽身裙兜。当采满一兜后，她回过头，惊奇地发现，树上又长出了新叶——

原来这是仙翁赐的仙树！

为了普救穷苦的农家孩子，蓝姑拼命地采茶、晒茶，然后把茶叶送到每个山村，教乡亲们如何泡茶给出麻疹的孩子们喝，终于战胜了麻疹恶魔。

"茗生此中石，玉泉流不歇。根柯洒芳津，采服润肌骨。"早在 4000 多年前，古人就发现了茶这种饮泡原料，具有"止渴除疫、少睡利尿、明目益思"等功效。

茶疗起源于唐朝，上至朝廷下至百姓，无不借助"茶疗"这一最中国的养生方式来强身健体，很多延年益寿的茶疗茶方至今仍被广泛运用。

饮茶养生乃中华传统，汉末名医华佗说"苦茶久食，有益"；晋代杜育说"茶能调神和内，倦解慵除"；南朝陶弘景云"茗茶轻身换骨"；《本草纲目》也载有"茶，清头目、醒昏睡、化痰消食、利尿止泻……"

唐代陆羽被誉为"茶仙"，奉为"茶圣"，祀为"茶神"。他精于茶道，一生嗜茶如命，以世界第一部茶叶专著《茶经》闻名。《茶经》一问世，即为历代文人所钟爱。

陆羽在《茶经》里说："茶之为用，味至寒，为饮最宜。精行俭德之人若热渴、凝闷、脑热、目涩、四肢烦、百节不舒，聊四五啜，与醍醐甘露抗衡也。"陆羽在饮茶祛病健身的基础上，还提出了饮茶可以修身养性的观点。

在茶道上与陆羽齐名的同代诗人卢仝，号玉川子，一生爱茶成癖，他的一曲《茶歌》，自唐以来千余年传唱不衰，至今人们咏茶时仍屡屡吟及，《茶歌》几乎成了吟茶的典故。

文人骚客嗜茶擅烹，每每与"卢仝""玉川子"相比："我今安知非卢仝，只恐卢仝未相及"（明·胡文焕）；"一瓯瑟瑟散轻蕊，品题谁比玉川子"（清·汪巢林）；"何须魏帝一丸药，且尽卢仝七碗茶"（宋·苏轼）；"不待清风生两腋，清风先向舌端生"（宋·杨万里）。

北京中山公园的来今雨轩茶社有一楹联云："三篇陆羽经，七度卢仝碗。"（以上"七碗茶""清风生两腋"，均为《茶歌》典故）。1983 年春，北京举办品茶会，会上 88 岁书法家肖劳即席吟诗一首云："嫩芽和雪煮，活火沸茶香。七碗荡诗腹，一瓯醒酒肠。"亦引卢仝《茶歌》为典。

《茶歌》以切身感受对茶疗说得十分具体形象：喝茶"一碗喉吻润，两碗破孤闷，三碗搜枯肠，唯有文字五千卷。四碗发轻汗，平生不平事，尽向毛孔散。五碗肌骨清，六碗通仙灵，七碗吃不得也，唯觉两腋习习清风生"。

茶对卢仝来说，已不只是一种口腹之饮，茶似乎给他创造了一片广阔的精神世界，当他饮到第七碗茶时，只觉得两腋生出习习清风，悠悠然飞上青天。

饮茶能健身长寿，史书上也有记载。《旧唐书·宣宗纪》载，洛阳有位一百三十多岁的僧人，宣帝问他："服何药如此长寿？"僧人答："贫僧素不知药，只是好饮香茗，至处唯茶是求。"

孙中山先生盛赞茶"最合卫生，是最优美之人类饮料"。他说，"中国常人所饮者为清茶，所食者为淡饭"，"穷乡僻壤之人，粗茶淡饭，不及酒肉，常多上寿"。林语堂先生好饮擅饮、精通茶道，他说："我毫不怀疑茶有使中国人延年益寿的作用，因为它有助于消化，使人心平气和。"

朱德《品庐山云雾茶》诗云："庐山云雾茶，味浓性泼辣。若得长时饮，延年益寿法。"茶，色如翠，香如兰，没有酒的浓郁，不似水的平淡，宁静中归真生活。

鲁迅在其杂文《喝茶》中说："有好茶喝，会喝好茶，是一种清福。"

当然，把茶说成能治万病之药，且有返老还童之功效，这未免太玄，令人难以置信。不过，茶能治病却是人们的共识。

现代科学也证明，茶对人体保健十分有益。日本科学家发现，茶有抗衰老的作用，"中国人患动脉硬化和心脏病的比例比西方低，与爱饮白茶、绿茶有关"。

喝茶既延年益寿，又享清福，何乐而不为也！可以说，茶饮是目前世界上消费群体最大、日消费量最多、最受人喜爱的饮品，没有任何一种饮品能与其相媲美。

养阴、清热、除湿，治未病，是中医养生智慧的精华所在，也是茶疗的中医药理。

以茶疗代替药疗，有助于自己和家人远离疾病，健康生活。

（雷顺号，2015.9）

寿眉之"梗"

我们常说，简单就是幸福。粗衣布裤，粗茶淡饭，内心满足了，人也就快乐了。或许，我们会去深究，到底哪些茶是粗茶呢？茶叶是否有粗茶和细茶之分？

"一切有情，依食而住"八个字很好地表达了我国人民"以食为天，以食为趣"的生活特点。

当我们在外忙碌了一天，回到家中，吃上一顿美味的饭菜，再泡上一杯解乏的茶，满满都是好心情的收获。当家中来了客人，以茶待客的礼仪是必不可少的，主人做的第一件事便是为客人执壶沏茶，再准备一桌丰盛的饭菜。

一茶一饭，便是中国人的生活日常。国人对饮食的讲究就不必多言了，值得一提的是，有些人家待客时讲究特别的饮茶民俗，为客人沏上两杯茶，粗茶一杯，细茶一杯，充分体现出主人对客人的热情与尊重。

这泡茶还有粗细之分？下面我们就来具体了解一下。

细茶和粗茶之分

1. 何谓细茶？

嫩茶叶，一般指以春天采摘的芽头或一芽一叶的茶鲜叶为原料而制成的茶叶。

"物以稀为贵"，绿茶的价格素以新茶为贵。新茶多为嫩芽，含有大量的氨基酸类物质，少含茶多酚、茶丹宁之类苦味物质。所以新茶喝起来，口感清香爽口。

2. 何谓粗茶?

粗老一些的茶叶，一般指到夏秋季采摘制成的茶叶，以一芽三四叶以上或含梗的茶鲜叶为原料而制成的茶叶。

粗茶与新茶相比，口感上要苦涩一些，因为夏秋季的茶树在强烈阳光照射下迅速生长，树叶中大量积累多酚类物质与丹宁，对人体有着很好的保健作用。中老年人更适合饮用"粗茶"。俗语有云："粗茶淡饭延年益寿。"

茶有粗细之分，喝茶也有粗细之分。俗语说："细茶粗吃，粗茶细吃。"这句话又是什么意思呢?

"细茶粗吃，粗茶细吃"里的学问

细茶因为是嫩新茶，在冲泡时，应多放茶叶，也就是"细茶粗吃"，否则味道就会淡。

粗茶采摘的都不是嫩茶叶，这些茶叶吸收养分都比较充分，虽说不太好看，但冲泡的汁汤比较浓郁，冲泡时需少放一些茶叶，这就是"粗茶细吃"。

这句俗语分别概括了粗细茶叶的投茶量。喝茶品茶，已成为现代人日常生活不可或缺的一部分，中国人热情好客，每有客来，必执壶沏茶相待，因此形成了一个特色的茶俗茶礼：待客讲礼仪，沏茶分粗细。

"待客之道，茶分粗细"

从历史文化上讲，细茶是上等茶、好茶的代称，是与"粗茶淡饭"相对的品质升华。

曾国藩对家乡的细茶情有独钟，他曾题写："银毫地绿茶膏嫩，玉斗丝红墨渖宽"来赞誉细茶。

朱熹《茶灶》有云："饮罢方舟去，茶烟袅细香。"赞美细茶的细腻茶香。

还有俗语道："贵人到，细茶泡。"

《女儿经》中有载："亲戚来，把茶烹。尊长至，要亲敬。粗细茶，要鲜明。"说的是煮茶敬客上用粗茶还是细茶必须要分明，对尊长、上客必以细茶相敬。细茶清新爽口，如龙井、碧螺春等，茶具使用透明没有盖的玻璃杯，冲泡出的茶极具观赏性。

而就现代养生而言，不要以为用"粗茶"待客就有失尊重，其实"粗茶"沏出的茶味道更浓、韵味更鲜。用两叶一芽的茶叶制成的菊花茶，或浓醇的茉莉花茶，不仅形态优美，而且味道芬芳。民间有"不是贵客不制花"的说法。

综上我们可以得出一个结论，粗茶和细茶各有千秋，二者之间并没有等级尊卑之分，只是味道不同罢了。但是，我们在喝白茶的时候会发现这样一个现象，有些白茶冲泡以后，叶底摸起来会比较柔软，而有些白茶冲泡后叶底会偏硬一些。

这是为什么呢？

茶叶的软硬程度是由什么决定的呢？

说到这些，首先我们要来了解一条冷知识——

茶树叶片的结构

茶树叶片主要由上下表皮、叶肉和叶脉三个部分组成。

上表皮由一层密接的长方形细胞组成，上面覆被一层角质层；而下表皮具有气孔和表皮毛，气孔的密度和大小因品种而异。

叶肉为上、下表皮之间，由栅栏组织和海绵组织构成，栅栏组织由一层或多层呈栅栏状排列的圆柱形薄壁细胞构成，在周围分布着许多的叶绿体，是茶树叶片进行光合作用的场所；栅栏组织之下是由形状不规则、排列疏松的薄壁细胞构成的海绵组织，内含少量的叶绿体。栅状组织越厚，层次越多，排列越紧密，抗寒性越强，海绵组织越发达，则内含物越丰富，制成的茶品质越佳。

叶脉是叶肉中有限维管束，主脉结构复杂，木质部在上层，韧皮部在下层，在木质部与韧皮部之间初时有形成层，形成层会因分裂能力微弱逐渐消失。在主脉的上下表皮内方，有2~3层厚度细胞，外边有多层含有大量草酸钙晶族的薄壁细胞。

接下来我们了解——

影响叶底软硬度的因素

（1）茶树品种

不同茶树品种，成熟叶片厚度、细胞形成等不尽相同，进而茶叶叶底的软硬度也不相同。

有研究观察了福鼎大白茶、云南大叶种、祁门楮叶种等五个茶树品种的成熟叶片解剖结构。研究发现，一般情况下，大叶种的茶树叶片加工成的茶叶叶底相较小叶种而言，冲泡后的叶底硬度相对大一些。比如云南大叶种原料制成的红茶叶底比福鼎大白茶小叶种鲜叶原料制成的红茶叶底硬度大一些。

（2）嫩度

茶树鲜叶原料的嫩度是茶叶底软硬程度的重要因素之一。鲜叶越嫩，含钾、磷较多，水溶性灰分含量高，多酚类、蛋白质、咖啡碱等在生长初期含量较高，纤维素等含量较少；随着茶芽新梢的生长，叶片的老化，钙、镁含量逐渐增加，总灰分含量增加，纤维素与半纤维素含量也越多，叶质也会变得稍硬。

一般来说，同一品种茶树叶片，芽及第一叶的嫩度大于第二叶，且表皮毛数量较多，因此纯芽或一芽一叶的鲜叶原料加工成的茶叶，冲泡后茶叶底较为柔软。芽下第二叶、第三叶、鱼叶表皮毛数量少，茶叶底相对较硬。成熟叶片，角质层厚，维管束发达，纤维化程度高，叶片质地会较硬一些。

（3）季节

不同季节的茶叶原料老嫩程度不同，因此对同一茶树品种而言，茶树叶片嫩度为春茶＞夏秋茶，春茶的茶叶底相对柔软且十分厚实，而夏秋茶冲泡后茶叶叶底虽薄但质地相对较硬。

（4）加工工艺

加工工艺是茶叶品质形成的关键因素，因此对叶质的软硬也有一定的影响。同一鲜叶原料加工成的绿茶，微波杀青的方式与滚筒杀青相比，前者加工成的绿茶冲泡后叶底质地相对较软。

而同一原料加工成红茶，萎凋适度的鲜叶加工成的成品茶叶底比萎凋程度不够的鲜叶加工的茶叶底更为柔软。我们日常饮茶时也有直观感受，工艺到位的茶，叶底较为柔软，而工艺不到位的茶，叶底常常偏硬。

（5）茶树生长环境

不同生长环境下的茶树，其叶片的软硬程度也存在一定的差异。例如，强光下生长的茶树，叶片较厚、较硬，而遮光条件下生长的茶树叶片大、薄，且叶质柔软。

综合以上分析，茶叶叶底的软硬受多方面因素的影响，比如白茶中的寿眉，有些叶底柔软，有些茶叶叶底会显得干硬。

首先我们要考虑制作寿眉的鲜叶原料来源，茶树品种和种植环境是否一致，其次要考虑鲜叶采摘季节、老嫩度，以及萎凋方法和时间，这些因素都会对寿眉的滋味、香气和叶底产生影响。

寿眉制作

以上因素之外，还有重要的一点——

白茶采摘标准决定叶底软硬

按照一定茶类的标准要求，从茶树新梢上采摘下来供作制茶原料的芽叶，称为鲜叶。茶叶品质的优劣，首先取决于鲜叶内含有效化学成分的多寡及其配比。制茶的任务就是控制条件促进鲜叶内含成分向有利于茶叶品质的形成发展。

采摘的鲜叶脱离茶树母体之后，在一定时间内仍然继续进行呼吸作用。随着叶内水分不断散失，水解酶和呼吸酶的作用逐渐增强，内含物质不断分解转化而消耗减少。一部分可溶性物质转化为不可溶性物质，水浸出物减少，使茶叶香低味淡，影响茶叶品质。导致鲜叶变质的主要因素有温度升高、通风不良、机械损伤三个方面。依据导致鲜叶变质的主要因素，制定相应的保鲜技术。保鲜技术的关键主要是控制两个条件：一是保持低温，二是适当降低鲜叶的含水量。

鲜叶质量标准，除了匀度和新鲜度要求一样外，其他质量指标，依各种茶类不同而异。人们将这种具有某种理化性状的鲜叶适合制造某种茶类的特性，称为鲜叶适制性。根据鲜叶适制性，制造某种茶类，或者要制造某种茶类，有目的地去选取鲜叶，这样才能充分发挥鲜叶的经济价值，制出品质优良的茶。

福鼎白茶依鲜叶采摘标准不同分为白毫银针、白牡丹、贡眉和寿眉。

白毫银针：用采自福鼎大白茶或福鼎大毫茶品种嫩梢的肥壮芽头制成的成品茶。

白毫银针的感官品质

级别	项目							
	外形				内质			
	条索	整碎	净度	色泽	香气	滋味	汤色	叶庭
特级	芽针肥壮、茸毛厚	匀齐	洁净	银灰白富有光泽	清纯、毫香显露	清鲜醇爽、毫味足	浅杏黄、清澈明亮	肥壮、软嫩、明亮
一级	芽针秀长、茸毛略薄	较匀齐	洁净	银灰白	清纯、毫香显	鲜醇爽、毫味显	杏黄、清澈明亮	嫩匀明亮

白牡丹：用采自福鼎大白茶、福鼎大毫茶、菜茶群体嫩梢的一芽一、二叶制成的成品茶。白牡丹依茶树品种不同可分为"大白"和"小白"。用福鼎大白茶、福鼎大毫茶品种鲜叶制成的成品茶称"大白"，用福鼎菜茶群体品种鲜叶制成的成品茶，称"小白"。

白牡丹的感官品质

级别	项目							
	外形				内质			
	条索	整碎	净度	色泽	香气	滋味	汤色	叶庭
特级	毫心多肥壮、叶背多茸毛	匀整	洁净	灰绿润	鲜嫩、纯爽毫香显	清甜纯爽毫味足	黄、清澈	芽心多，叶张肥嫩明亮
一级	毫心较显、尚壮、叶张嫩	尚匀整	较清净	灰绿尚润	尚鲜嫩、醇爽有毫香	较清甜、纯爽	尚黄、清澈	芽心较多、叶张嫩，尚明
二级	毫心尚显、叶张尚嫩	尚匀	含少量黄绿色	尚灰绿	浓醇、略有毫香	尚清甜、醇厚	橙黄	有芽心、叶张尚嫩、稍有红张
三级	叶绿略卷、有平展叶、破张叶	欠匀	稍有黄片蜡片	灰绿稍暗	尚浓纯	尚厚	尚橙黄	叶张尚软有破张、红张稍多

贡眉：用采自福鼎菜茶群体的芽叶制成的成品茶。

贡眉的感官品质

级别	项目							
	外形				内质			
	条索	整碎	净度	色泽	香气	滋味	汤色	叶庭
特级	叶态卷、有毫心	匀整	洁净	灰绿或墨绿	鲜嫩，有毫香	清甜纯爽	橙黄	有芽尖、叶张嫩亮
一级	叶态尚卷、毫尖尚显	较匀	较清净	尚灰绿	鲜醇，有嫩香	醇厚尚爽	尚橙黄	稍有芽尖、叶张软尚亮
二级	叶态略卷稍展、有破张	尚匀	夹黄片铁板片少量蜡片	灰绿稍暗、夹红	浓醇	浓厚	深黄	叶张较粗、稍摊、有红张
三级	叶张平展、破张多	欠匀	含鱼叶蜡片较多	灰黄夹红稍葳	浓、稍粗	厚、稍粗	深黄微红	叶张粗杂、红张多

寿眉：由福鼎大白茶、福鼎大毫茶、菜茶群体嫩梢的一芽三、四叶制成的成品，或制"白毫银针"时采下的嫩梢经"抽针"后，剩下的叶片制成的成品茶。

寿眉的感官品质

级别	项目							
	外形				内质			
	条索	整碎	净度	色泽	香气	滋味	汤色	叶庭
特级	叶态尚紧卷	较匀	较洁净	尚灰绿	纯	醇厚尚爽	尚橙黄	稍有芽尖、叶张软尚亮
一级	叶态略卷稍展、有破张	尚匀	夹黄片铁板片少量蜡片	灰绿稍暗、夹红	浓纯	浓厚	深黄	叶张较粗、稍摊、有红张

所以，鲜叶采摘标准也决定了白茶叶底的软硬程度，按柔软度，一般排序为白毫银针＞白牡丹＞贡眉＞寿眉。（雷顺号，2018.10）

银装素裹

自小不知茶为何物，待到渐大一些时，觉得那是很苦的汤水，因此一直到成年了都不爱喝。后来，书看得多了，才发现古往今来有那么多文人墨客在赞美茶。宋朝杜小山有诗曰："寒夜客来茶当酒，竹炉汤沸火初红。寻常一样窗前月，才有梅花便不同。"苏轼词中说："酒困路长唯欲睡，日高人渴漫思茶。"《红楼梦》《儒林外史》这些名著中多处有品茶、说茶、论茶的片段，似乎少了茶，便少了些意境和品位。渐渐地，我开始关注起茶来。

茶汤白毫

与茶的真正接触，或许缘于《白茶时间》这本书。2017年春节，受朋友之邀，第一次到他的家乡福建福鼎太姥山。在北京往福鼎的动车上，由于走得匆忙，喜欢看书的我竟然什么也没带，只好把朋友随身携带的《白茶时间》拿来看，原来朋友天天喝的这种茶叫白毫银针，好奇心油然而生。春节期间，跟随同事在他们村里拜年，每家每户都会端来一杯白毫银针，我轻呷一口，而后，一丝暗喜：并不是我从前喝过的苦茶，细品中还略带一些兰香与甘甜。每到一户人家，我都很愿意轻捧杯盏，享受我认为的佳茗，这就是《白茶时间》里描述的好茶味道啊。

白毫银针

回到北京后，每到周末，朋友就邀约三五闺蜜一起赏兰煮水吃茶暖心。朋友说："今天就喝白毫银针吧，就着眼前这抹兰花香。"

聊起福鼎白茶之王——白毫银针，我的鼻尖舌尖仿佛都有了淡淡的兰香，更不必说去品了。品了，又是另一番感悟。味蕾充分领略着白毫银针的神奇，香气清幽，似兰花之味，滋味清醇略厚而甘鲜，叶身如针形清秀而有光泽，茶气迷人，耐人寻味。而兰花，幽香沁鼻撩人，与毫香蜜韵的变数之美相融相依……

茶叶最早本就是中药一味，与现代白茶的制作工艺相似，人们对茶最初的味觉感受，来自白茶，可能是顺理成章的。而这种原始的味道，穿过时间的云雾，依然能够被今时今日的茶客品尝到。从一杯清亮的茶汤里问出自然之道，茶叶浮沉如诉，那些低声细语处，正是人与茶的初次交流。

据记载，清嘉庆初年（1796年），福建福鼎太姥山制茶人用菜茶种茶树的壮芽为原料，首创制出白毫银针，随着被英国皇室发现，白毫银针在1891年开始外销。晚清以来，北京同仁堂每年购50斤陈年白毫银针用以配药。而在计划经济时代，国家更是每年都从福建省茶叶部门调拨白茶给国家医药总公司做药引（配伍），配制成高等级的药。

白毫银针鲜叶原料全部采自福鼎大白、福鼎大毫茶树的肥芽，其成品茶，长三厘米许，整个茶芽为白毫覆被，银装素裹，熠熠闪光，赏心悦目。经过人和自然的合作，白毫银针最终发于水中，幻化成一出异于平常的景色，芽叶密披银毫，仿若身着素衣，银针竖立，光影闪烁。眼看着白毫浸了水，微黄的颜色四散而去。尝下去，清香里却是温和滋味，没有烈的品性，仿佛那些溢美之词都是平白无故。沸水一注入，便有兰花般的香气溢出。或有或无，或隐或现，或浓或淡……正如幽谷兰花一般，并且香气溶于水中。茶汤汤色清澈明亮，呈杏黄色。口感前后变化不大，香气持久，回甘快。

清人李慈铭有句赞美兰花，"绰约丰肌分外妍，镜中倩影不胜怜"，恰似是为"白毫银针"而作的。并且，白毫银针中含有丰富的芳香物质，所以，能提神醒脑，对治疗头晕头痛、醒酒解腻、美容养颜、愉悦身心都有很好的作用。正所谓：宁弃瑶池三分水，不舍银针一缕香。

"人在云上走，暗香幽谷中。"茶人们对白毫银针的采制是不会怠慢的。不忍施以炒制和双手揉搓的激烈——所以白毫银针的茶汤里尝不出烈的品性，而是迅速轻快地将茶芽薄摊匀摊于竹帘上。茶芽在晴天里的晾青架上，等待阳光和风的自然萎凋——这一切要轻，白天避开正午的强烈日照，只有早晨和下午微弱的阳光才最懂得怜惜；晚上则移交室内，隔绝雨露的侵袭。既然是自然参与的工事，耗时就要长一些，不像人工，凡事都求个迅速，容易用力过度。白毫银针的自然萎凋是个漫长的失水过程，少了许多人间惯用的刻意为之，成全了更多天地谋划出的本色。明朝田艺蘅在《煮泉小品》中称道这种本色："芽茶以火作者为次，生晒者为上，亦更近自然，且断烟火气耳。"

打开喜马拉雅，收听白落梅的一篇篇品读唐诗宋词的文章，在采摘时，仿佛心已穿越到了那个唯美的诗词年代里，我时而感伤，时而欣喜，更多的是对时光的眷爱。这盛大的清欢何尝不是一种醉？瞬间，她入驻了我的内心！是的，白毫银针，宛若与世无争的女子，用她的清幽，她的飘逸，她的甘醇，把我深深地俘获。

我知道缄默了悠悠近千年时光的白毫银针，在隐忍中等来了我们的垂怜，更等来了一个不懂她的人对她的无比依恋。茶缘从此深结，爱茶的心从此将不会改变！（赞小美，2017.2）

时光味道

已是立秋过后的光景，天气依旧热得让人心烦。繁花退却了娇容，绿叶也变得无趣，这一夏就在如此狂热中度过。

空闲时，借一处幽幽的凉，偷一次心灵的静，宛若身外的躁动与狂热与我无关，此时，我便是一个自由自在的人。

此时此刻，把心思停下来，想都不用想，就这样安逸地闲在唯我的世界里。不再有回眸往昔的眷念，也不想将来的苍茫，那些都太远太远，唯有此时此刻的我是最真切的。

静时养心，闲时品茶，自得其乐，未必不是一种洒脱。

我对于白茶的嗜好是一直的，从来没有间断过。

约上三五好友，从不同方向同赴一个地点——福鼎方家山，目的是共同的，喝上几泡白茶，吹上几通巨牛。其实还有一个更为带劲的隐秘：听雷哥讲讲福鼎白茶的故事，讲讲茶农的艰辛、采茶的愉悦、制茶的惊喜，还有那漂亮的采茶畲族姑娘。那种享受、那种美感、那种满足、那种飘飘欲仙的欲望是无法言喻的。

回到厦门已经半年了，总觉得心中空空的，老是想着完美的福鼎茶山行还是没能画上句号。哦，想起来了，那是到福鼎第二天晚上，在方家山喝了方守龙老师的非卖品白毫银针新茶，吃了从方家山采摘的酸酸甜甜的野生樱桃后，雷哥说了句下次继续喝另一种高端大气上档次的茶。原来如此，犹如热恋中的情郎，没见到梦中女神怎能安心？于是迅速下楼，开车直奔福鼎找雷哥吃茶去。

方家山白茶山

　　随着水开的哗哗声，原本被带到方家山的心思又被拉回了现实，随着雷哥熟练的一连串动作：倒水、出汤，一股杏黄色的热气腾腾的白毫银针便呈现在眼前的白瓷盖碗里，随着蒸气在房间弥散，淡淡的清香、稍有青涩的茶味扑鼻而来，闭上眼，想象着雷哥刚刚描述的情景，仿佛置身于一片青绿的茶树林，站在树下，闻着浅浅的茶香，还带着清晨露水的清新。远处具有灵性的鸟儿在山之峰树之巅或低吟或长鸣，近处采茶畲族村姑哼唱着民族小调，这个美，这样醉，这般痴，真不知身在何处，已到仙境了吗？

　　端起杯，迎着冉冉升起的热气，闭上眼，靠近鼻子，先悄悄地吸入一点，滋润鼻子的每个毛孔，再来次深深的深呼吸，香味便润入肺腑内脏。茶之香，不及花香之浓，不及酒香之烈，但味之醇，久亦醉。汲一口，含在嘴里，再巴咂巴咂几下，茶之甘味即刻遍布口腔。这是一款1988年老白茶，开箱初泡，宛如初嫁的少女，虽带浅浅的羞涩，但那股淡淡的体香是无法掩盖的，我完全可以体会到雷哥所讲的那种旷野之味，吞下肚后，一种舒坦便由里及表荡漾开来，像在平静的水面投入一粒鹅卵石，水波便一圈一圈向四周泛开。

几泡下来，茶色依旧黄得澄亮，茶香愈加浓厚，涩味却已衰退，犹如一成熟少妇，一举一动，举手投足间散发的都是迷人的成熟魅力，让人无法抗拒其诱惑。满口生津，甘味回荡，香味便随着止不住的返嗝溢了出来，肠胃也开始咕咕噜噜地点赞。

喝着喝着，漫无目的地傻看着窗外的风景，觉得外面的浮躁和屋里的清静形成鲜明的对比。我仿佛是一个幸福的人，没有纷纷攘攘的忧扰，也没有太多的感慨，如眼前杯里的茶叶，摆脱了浮热，只有一波余香安静地留在水里。

这一季的夏，渐渐地过去了。初秋，其实与夏末没有什么两样，如同四十岁与三十八九岁一样差别不大。豁达的人并不会在意这细碎的区别，多愁善感的人却会是另一种心境。那些个"冷落清秋节"的感叹词句无外乎是情感的流失和仕途落寂的流露。

品味白毫银针

其实，何必如此呢？明明懂得生命轮回是无法改变的事实，也就没有必要伤感岁月的易老。有时候，很是羡慕在雍容日子里生活的那些人，说实在的，虽然是羡慕，但骨子里从来没有去攀比的妄想，这也许是我生存的欲望中没有太多的激情。如同身体里的病，要是扎根在骨头里恐怕是无法根治的。自然如此，那就不如知足常乐吧。

我以为文人墨客多为秋所感伤，那是因为秋太短暂了。初秋如夏末，深秋如寒冬。寥寥可数的中秋丰盈着一年最美的风景，唯有中秋才能真正称之为秋的，哪一季能有如此雍容华贵，能有如此多娇？

古云草木一秋似乎就是生命的终点，严格地说是不确切的。那内骨子里的激情若被秋雨暖阳点燃依旧会发出生命的光彩。更何况如今暖冬多了起来，在枯涩的荒野依稀可见希望的绿色。

初秋，我在平淡的日子里，看夏日的余晖渐落，在微软的凉风里守候着月圆中秋。

蓦然回首，原来，秋的静、秋的美、秋的实，最终合成了别具一格、一枝独秀与不可多得的一番景象和神韵。再细想，或许，这就是你对于我忙于奔命、苦于奔波所给予的一种淡定与恬静的宽慰、慰藉和安慰的特殊方式了。

白毫银针，一份久违的茶香，把经年沉淀的气息，一并融入杯中的茶汤，入口、入喉、再入心间。

别轻易泡我……怕你从此迷上我！（赞小美，2019.10）

围炉煮茶

天气陡然就冷了下来，虽然明明是约定好了的时节，可当寒意袭来，依然猝不及防。拥衾和衣，不若手捧一杯热茶，已决意把冬寒泡在茶里过。

冬天是个极致的季节，因为天寒地冻的冷，还有红泥火炉的暖，越是寒冷，越是温暖，在这样一个充满冰与火的时节，我们总愿意去寻找我们的钟爱与亲切。有人钟爱一碗面，热气腾腾；有人大爱火锅，围炉而坐；有人挚爱酒，把酒言欢；还有人像笔者一样，深爱一盏热茶，单单捧在手里，热气氤氲的芬芳里都是温柔与沉醉。

秋收冬藏，注定了这段清冷时光属于休眠和囤积。当两颊肥大的松鼠把松子、坚果四处挖洞埋藏，它们冬眠的日子就要到了，冰封雪飘，北风呼啸，它们便躲在树洞里安然睡大觉，饿了便把埋好的果实挖出来吃，甚至在冬眠前便往自己肥肥的两颊里塞上十几颗松子才去入睡。

把冬寒泡在茶里过，自然也要如松鼠般囤积足够的好茶，才能妥帖舒适地度过寒冷时节。

寒冬里，请泡一盏温热的茶。茶没有酒的浓醇，没有面与火锅的丰盛，却有它们都不曾有的静谧与安妥，像冬日的暖阳，看不到如火的热情，却有着执着而宽容的温暖，在整个冰天雪地的世界里对所有人与事温柔以待。

老白茶、红茶和黑茶自是不能少，福鼎老寿眉、白琳工夫、云南普洱、广西六堡，都是暖腹生热的妙品，如数家珍般一一罗致，那份悄悄默默的心情里，有一种不为人道的欢喜和甜蜜。自己独处抑或挚友拜访时，拿出来品评，时光变得曼妙而绵长。

冬季是积蓄能量的时节，一年的春种夏耕秋收的辛劳，需要时间去恢复劳作的身心，考量得失，思考前路。喝茶是养生健身，更是省身静心。《本草纲目》中有记载：茶体轻浮，采摘之时芽蘖初萌，正得春生之气。味虽苦而气则薄，乃阴中之阳，可升可降。可见茶的滋补功效。

让温热的茶汤贴补一下损耗的身心，静心敛气地思谋一下来年的规划。磨刀不误砍柴工，冬日的清冷严寒反倒成了最好的装点。

当然对于一直奋斗在路上的人，冬天也不过就是一个季节，即便把冬寒泡在茶里，也一点不妨碍前进的脚步。鲁迅先生就曾以身示范。

有一年，鲁迅先生离家在苏州读书，天寒地冻，静心读书绝非易事，鲁迅想到辣椒可以驱寒，茶能提神，到了夜晚，便升起煤火，一旦感到寒冷困倦，便吃辣椒喝热茶驱寒提神，以不荒废读书时光。不知鲁迅先生遥想那段辣椒与茶相伴的读书夜，做何感想，而茶成为他一生不可或缺的伴侣。

把冬寒泡在茶里过，绝不是消磨时光，而是遵循着时节律令，悄悄潜藏积蓄着来年的力量，为人生如诗、岁月如歌，添上一个唯美的标点，尽情品咂。

"寒夜客来茶当酒，竹炉汤沸火除红。寻常一样窗前月，才有梅花却不同。"茶炉火星点点，茶水氤氲缥缈，在谈笑风生中渐渐通明。窗外，风声四起，竹影在昏黄的灯下晃动，庭院外青石和晚间空气清凉如水，整树葡萄枝枯黄。琴声断了，友人走了，门口只落上弦月的寂静。

知交，友淡如水，知觉如茶。

白茶清欢无别事，煮好岁月待故人。

煮茶和泡茶不一样，煮茶比较考验喝茶人的耐心，要慢慢地等。煮得不到火候，茶汤没有口感和特色；只有火候掌握得当，时间够长，才能等到你想喝的那个茶味。

但是，亲爱的，你真的会煮一壶上好的老白茶么？陈年白牡丹与老寿眉哪个更适合煮呢？

寿眉是比白牡丹更粗大的叶和梗，内含物更丰富和耐煮。同等年份的老白茶，陈年寿眉煮起来味道更浓厚，药香更显。

围炉煮茶，三道是精华。

茶水具体比例可以根据手上茶叶不同慢慢摸索调整，原则是茶量宜少不宜多，多了太浓影响口感，不像泡茶时可以用调整出汤时间等方式来补救茶量过多。

如果有红枣和老陈皮，可以加入少许共煮，半颗红枣或一指甲盖的老陈皮。以上两个补血理气实乃养生佳品，但不宜放过多，否则夺老白茶之美。

烹煮老茶

干茶加入85℃左右的热水后再煮最合适，煮出来的茶汤味道比较好。如果用凉水煮，茶汤会很浓厚。

5～10克老白茶加450毫升水，可以出汤五次以上，前三道是精华。当然，每次最好不要把壶里的茶汤全部倒完，应该留部分茶汤加水再煮。茶水煮开了，也可以继续放在炭火上慢慢炖，味道会更好。

煮老白茶的方法不止一种，其中最经典的是铁壶煮的两种方法。

第一种，采用铁壶、电陶炉，将水注入壶中，随着电陶炉的逐步升温慢慢煮。茶汤颜色逐渐变深，先像花生油的颜色，后转为栗红色，大约耗时 5 至 10 分钟，期间两次加少许冷水压一下。这种方法煮茶，味道比泡出来的茶来得醇厚。这种方法适合围炉而坐，在很冷的天气一群茶友在室内喝这么一泡茶，畅快至极。

第二种，将老白茶放入铁壶中，然后加入冰水，并用急火加温，两三分钟之后，茶汤变得透亮橙红。品尝时，滋味醇厚，香气纯正，无杂质，特有的红、浓、陈、醇。这一方法更适合自己闲暇时品饮，既可陶冶性情，也可缓解疲劳。

好茶会说话，一泡下去，茶的真味就会展现出来，干净、香气甜度持久、茶汤颜色透亮稳定，闷泡几分钟都不会出现苦涩，喝了心神安宁与愉悦。这样的好茶，少不了岁月的雕刻，制茶人的用心，以及品茶人与茶的缘分——或许是对大自然的敬畏。

那么，如何去判断一款好的老白茶呢?

（1）颜色变化是一个很重要的指标。

白茶采用最传统的方法制作，从采摘到加工的基本流程为：采青、摊晾、萎凋、日晒、烘干、精制等，故而最大程度保留了白茶的特性。

而在制作白茶的过程中，白茶内的色素物质是均匀变化的，所以我们看到的新茶往往是五彩斑斓的，就好像小白的五彩寿眉茶，就有黄的、绿的、深绿的、灰褐色等多种色彩。

因为新茶的颜色参差不一，所以转化成老白茶的时候也会有这种多变的颜色。正常陈化的老白茶因为年份的不同，颜色有很大的不同。1~2 年的老白茶多为深绿色、灰绿色交替，中间还会穿插着黄褐色；3~5 年的老白茶，色泽多为黄褐色，中间夹带黑灰色的叶片；随着白茶存放年限的增长，这些色素物质会慢慢转化，最后老茶多为深色的。

（2）香气是很有标志性的一个指标。

如果是按照古法制茶，又是自然陈化，那这样做出来的白茶香气自然。以3年的老白茶为例，在3年的寿眉白茶中你能喝到陈香、毫香、药香、花香、粽叶香等香气。

随着白茶年份的增长，还会出现薄荷香，这些香气都是在老白茶中才会出现的。还有一种枣香，也是老白茶十分有标志性的香气。如果保存得当、品质好，这样的老白茶想要喝到枣香根本不难。一般来说，5年的老茶就能喝到枣香。

（3）滋味醇厚、顺滑，不会有苦涩感。

老白茶自然陈化后，茶叶内的营养物质发生转化，一些物质变少，一些物质增多。比如白茶内的黄酮类物质就会不断增加，还有一种名为果胶的物质也会出现。这时候，白茶的年份越老，茶汤内的稠度越会上升，有时候用肉眼都能感受到这种稠感。

正常陈化的老白茶滋味醇厚、顺滑、不会有苦涩感，而且茶汤里还能喝到香气，十分好喝。

（4）老白茶叶底匀整有活性。

有一个词叫老而弥坚，适于形容老白茶的叶底。正常陈化的老白茶叶底匀整有活性，用茶夹轻轻拨动，能够感受到老白茶叶底的硬挺之感。（雷顺号，2015.12）

简素如茶

　　闲时，泡一杯福鼎白茶，在婉转优雅的茶香下静静品茗，伴随着幽幽茶香的韵润调节，心情趋于平静，不再为社会人间浮躁而停留哀叹！不再为凡尘世俗的名利而追逐。乾坤虽大，唯吾与世无争。要的只是停靠在心间的那一份超脱和洒脱。

　　酷暑之下，与白茶相约，不必搜肠刮肚地费口舌，也不用九曲回肠地去纠结，就默默地沏上一壶，看茶叶翻卷舒展，它所经历的故事，便都融在了晕开的清香与澄明的茶汤里。它不说，你也能知道。

　　觅上一方小天地，诚心诚意地沏上一壶白茶，眯上眼能听到蝉声阵阵，小鸟啼鸣，倘若只能听到车轮嘶吼，人声鼎沸，那也不打紧，轻轻呷上一口温润芬芳，那嘶吼成了山谷里的清风，那鼎沸成了林海中的欢腾，那心里的纷纷扰扰可不就退避三舍了。

　　一旦与烦扰扯出了距离，便如同一团收紧的乱麻理出了空隙，迎刃而解为时不远。一壶茶听尽了山重水复，喝茶人看到了柳暗花明。

　　有人说，我们如今的生活就是忙碌、盲目和茫然。那些嘈杂的声音和疲倦的尘埃紧紧缠绕着我们，它们像一个个嗜血的恶魔，如饥似渴地吞噬着我们的时间，折磨着我们的身心。

　　偷得浮生半日闲。如果说福鼎白茶是一出地方戏，那喝茶就是福鼎人挂在嘴上的曲调了。这也难怪英国皇室相中它，再难割舍。

品是对生活态度和处世哲学的延伸。在福鼎，需要沏上一杯白茶，在杏黄汤色之上四散。小品一下，滑口生津。茶的香气里，一口前朝入旧事，一口诗画出山水，一口光阴似流水。

人生，就是出发，然后休憩，休憩好了接着出发。一种勇往直前的精神却在这方山水里播下了种子。

山中日月长，钟爱茶的人，守着青山碧水间的茶园，生死不渝。与茶园厮守，成了他们生命中的一种信仰。

茶催诗兴，诗中生茶。岁月如歌，人生过往仿佛是一场穿梭在时光里的故事。从某种意义上说，福鼎白茶已为所有的故事做好了十足的铺垫。

茶在，一种境界就在。而透过茶叶的轮廓，分明是怀旧或回归的路线。假如竖起一根桅杆，那些长在茶海里的村庄，会不会像船一样漂着？

从前的孩子已是耄耋老人，万千风情在他们的叙述中依旧栩栩如生。说来话长，谁又知道会长到哪里。唯有从前的风华绝代，在白茶的冷暖或缥缈里，或远或近。

其实我们一直寻觅不得的休闲空间，就隐藏在一杯茶里。人活着，总是要有梦想的，正如茶，总要在生命中绽放一次最美的光彩。平凡的人生不平庸，拥有自己的梦想，尚有未来可言。

日子慢慢地走过，追逐梦想的道路上，我们需要保持一颗美好的心，才能看山水静美，风月温柔，也才能始终保持着对梦想如初的期待。

古印第安人有句谚语："别走得太快，等一等你的灵魂。"我们的身体就像一个个不停旋转的陀螺，没有时间停下来感受生活中所发生的一切，这一切就被瞬间翻过，了无踪迹，只剩下岁月留下的年轮，渐渐刻上你的额头。

让我们静下心来，预留一杯茶的时光，日子就该自在地过。一盏茶的时光，给我们的心灵腾出感知幸福的空间，一盏茶的光阴，赋予我们体验生活的千般风情和万般惬意的权利。

也许很多人觉得工作乏味无趣，也许很多人认为自己的事业缺乏应有的挑战；也许很多人加班得不到相应的报酬，也许很多人的表现得不到上司的认同。

即便如此，我们也应该努力让自己体验到更多的生活幸福感，与其感叹工作中的种种不如意，不如慢下心来喝杯茶，收起对工作的各种抱怨和不满，在茶光里，用心去细细品味其中的酸甜苦辣。

人一生都在不断地积累财富，人生的财富有两类，一类是物质财富，一类是精神财富。

只拥有物质财富的人徒有其表，如果精神匮乏，则不算是真正的财富。拥有精神财富的人，懂得如何提高自己的境界、实现自己的人生价值，这是跟随他们一生的财富，人生就像一条蜿蜒的道路，财富就是路边的风景，只有拥有美丽风景的人，人生道路才不会那么弯曲和曲折。

沉下浮躁的心，静静泡一壶茶，读一本书，思考一个问题，你会发现，你会拥有多姿多彩的精神世界。

"非淡泊无以明志，非宁静无以致远。"我们只有静下心来，才能让自己的心灵驻足于宁静的一角，静静地思考自己人生的坐标，才能在喧嚣的尘世中不断反省自己，明确自己的人生目标，奔着自己的目标扬帆起航。

不是世界太喧嚣，是你的内心太吵闹。唯有静心，身外的繁华才不至于扭曲和浮躁，才能倾听自己内心真实的声音，感受生活的美好，感受生命的独特。

简素如茶。喝茶，是找回安静最好的办法，用一盏茶的时光，放下忙碌、盲目和茫然，让内心回到安静的状态，远离周围的喧嚣。（雷顺号，2017.8）

空谷足音

迎着朝阳，踏着尚未躲去的晨露，走进了向往已久的白茶故里方家山。

"方外云中藏帝阁，山间崖上有人家。"方家山位于世界地质公园太姥山脉西南麓，距福鼎市太姥山集镇15公里，交通便捷，地域面积88.5%是山地，海拔均在500至700米。全村现有两个自然村，主要经济产业为茶业、林业等种植业，茶园面积达到了2150亩，独有的生态环境与特有的畲族制茶工艺相结合，使此地的白茶独树一帜，故被坊间称为"白茶故里"。

行走方家山，入眼的便是绿，满山遍野的绿，几千亩茶园就这么青翠翠地闯进视线。

方家山，一座凝聚天地灵气的"白茶山"。沿"白茶山"山门而进，过"白茶小镇"石牌坊，经"白茶故里"碑刻，直达村口"闽东畲族茶文化馆"。一汪清凌凌的碧水出现在眼前。一阵凉意拂身而来，湖水清澈见底，绿得直入身心。

山不在高，有仙则名，水不在深，有龙则灵。方家山，宛如一条龙角翘起、龙头高昂、傲视凌霄、气宇轩昂的巨龙盘卧在山间，传说因为这条俯卧的巨龙，聚天地之灵气，凝日月之华光，使得这座藏于大山深处的仙境，更是多了几分神秘和好奇。因此也惹得游客络绎不绝。

顺着叮叮咚咚的一道小溪，缓缓而上，抬头望去，方家山的气势，便初步进入视野之中。

方家山户外茶会

　　诗书里看到的茶，多长在南方，润湿之处，山之巅峰，常年云蒸霞蔚，很是诗情画意。和我眼前看到的茶山有大区别。这里的茶树长于海拔并不高的山坡上，一排排，一行行，沿山而围，形成半圆形，攀附在山腰上，遥遥望去，像蜿蜒逶迤的蛇，盘圈而卧，虽然气势不够，却厚实得很，给人平和之感。

　　山脊一条路，把茶山分割两边，于是，这条路，便构成一种升高的度。站在路上，无论往哪边看，都是绿，嫩芽尖尖细细，像古时娇羞的少女，含露欲滴，俏生生站在枝头。散落在茶山的采茶人，踏着刚刚返青的草，背着晨雾，弯腰，伸手，大拇指和食指相互触碰，对准嫩芽，便有一对纤弱的细芽捧入掌心。不断重复的动作中，把一对一对的嫩芽采摘到竹篮里。

　　千亩茶园，正是采茶时节，太阳还没有露头，绿莹莹的茶园中已经散落了许许多多的采茶人。青年妇女特地穿了采茶的服饰，挎着篮子，一双纤纤柔指，飞舞在葱茏的嫩叶上，似是挽花，又似素描，把茶山点缀得喜气洋洋。

　　扛着相机的摄影人，蹲下又站起，一会远拍，一会微距，镜头下，那些倩影笑得欢喜，把茶山都染上了颜色。镜头下，留下一张又一张唯美的影像，与茶一般，带着清香雅韵。

　　采茶畲族姑娘穿着朴素，眼睛含笑，她粗糙的大手落在精细的嫩芽上，有瞬间的触动感。她笑着说现在没有多少活，闲着也是闲着，上山采茶，不仅有收入，还能锻炼身体……她的笑，如晓风拂面，让人心生愉悦。

　　山脚下，一座座小楼矗立，白色的墙壁，在红绿相间的山下，宛如星辰。

　　沿着茶山走，一树一树的松花，正优雅地沸扬。飘飘絮絮的

采茶畲族姑娘

花粉散布在满山的茶树上，那茶树，便粘上了松花的味道。一涩一香，两种植物像亲密的情人，相依相偎，把一架又一架的山，构建得葱葱郁郁、生机盎然。曾经的石漠荒山，眨眼间成了从前。

一片片竹匾，泛着油亮的光泽，那些长在茶树上的嫩芽，仿佛穿越时空，不早不晚落进竹匾里，日光照射下，它们静静地躺着……那些滴翠，少了水分，挺直了身体，像是练了一世的瑜伽，挺起的身子，直立，又直立，最后驻扎成一方山的魂魄。

捧起那些略带涩涩的茶叶，放在鼻尖，闭目感受，灵魂中便存储了这些，一种植物从诞生到成熟的每一个细节与过程。这其中要经历三个季节，多个节气，还要经历热锅的考验，还好，它终究抵挡住了红尘的波涛，于春日脱胎换骨，把长在大山的灵魂挪移到城乡的角角落落。

茶杯是透明的，开水是纯色的，放入它后，便成了淡淡的杏黄色，它在开水中不断翻滚，升起，落下，升起，又落下，最后沉入杯子底部，一层层的，一层层的，如同爱人温柔的眼眸，隔着水杯眺望，凝固成三生三世的深情，再也不愿浮出水面。

品一口茶，带着淡淡的涩，再品一口，便有了醇的香，三口品茶，带着清甜……而后这香、甜之气便留在唇齿，让人久久回味。

透过杯子看茶叶，翻腾的好似人生，先苦，后甜，再香。滚滚红尘，恰如一杯白开水，行进的路上，不断经历这样那样的故事，正如杯中的茶叶，浮浮又沉沉。人生尽管坎坎坷坷，不是一帆风顺，但是，只要怀着对生活的热爱，对明天的执着，最终一定会和茶叶一样，沉淀出清醇的香气。

茶是山孕育出来的，在山的怀抱中，长出厚重，长出底蕴。人也应该这样，生出宽厚，生出仁慈，怀一颗感恩的心拥抱生活。

茶山上，我看到了多种花卉，兰花、杜鹃、蒲公英、桃花、玉兰花……花很多，它们簇拥在茶树周围，朝迎晨露，晚送晨曦，它们陪伴采茶的村姑，抚慰晒茶的大叔，最后，看着品茶的城里人，散发出一缕缕馨香，轰轰烈烈的，让茶山热闹的不像话了。

茶山，茶山，茶是山的灵魂，山是茶的载体。迎来送往的，却是那些开在丛中的花，长在路边的草。茶山，因了这些，饱满了许多，在行走的季节中，没有一点孤独感。

方家山，一座原始的"白茶故里"。因为有了这潺潺溪水，刚柔并集，灵秀相融。

行走在方家山，吸纳山水之灵气，远离都市喧嚣，欣赏草木青青，感受鸟语花香，在山谷之中，静静地品味，品味这巍峨的山、秀美的水，无限惬意在心里……（赞小美，2019.5）

日久生情

好的老白茶同美酒一样，都要经过一段漫长的陈化时间，老白茶素有"祖父做孙子卖"的美誉。

"陈"首先带给我们的是历史的韵味，而老白茶的陈韵也蕴含了历史的味道，越是古老的就越美。哲学中的美学也有这样的观点，"美来自于时间和距离"，老白茶的"陈韵"也成了老白茶人莫名的美感体会。

福鼎白茶有"一年茶、三年药、七年宝"之民间说法，这大约是老白茶"越陈越香"最早的表述了。

"越陈越香"中的"香"却是广义性的，包括了老白茶的茶香、茶滋、茶韵、茶气等。老白茶香气的奇特之处在于它变化多样，如枣香、药香、荷香、蜜香、甜香、果香、糯香等。香气种类的差异是由于茶菁级次、地域原材料和储藏年份的不同而产生的。

老白茶的神韵，最令人向往的滋味莫过于"苦尽甘来，甘中带甜"，"甘中带甜"又是更进一步的追求。陈化一定年份的白茶，滋味逐步甘醇，入口就是甘甜的感觉。白茶要产生这种口感一般要7年之上，7年以上就更好了。当然，这里所说的是一般我们能品尝到的老白茶，"入口即化""无味之味"等感觉就不是仅靠口腔的味蕾就能感觉得到的了，

不同年份白茶汤色

更需要品茶境界和个人修为，有缘之人自有见解。

　　一款茶的茶韵跟它与生俱来的品质即茶山、树种、树龄等有很大关系。先天的山韵加上后天自然陈化的陈韵让老白茶的茶韵愈显，简单而言，具有独特性格的老白茶，茶韵是独一无二、无可复制的，这当然使它的价值得到成倍的提升。

　　自从"老白茶酮"化学元素被发现之后，福鼎白茶中最为神秘奇异的"气"有了稳固的靠山。老白茶经过长期储藏陈化，茶多糖类物质水解成单糖类物质后，和"老白茶酮"产生一定的化学作用，变得能溶于水。"老白茶酮"进入人体内在全身经络之中运行，促进真气的运行，进而增进真气的质量，达到补气的功效。卢仝的一首《七碗茶》"惟觉两腋习习清风生……乘此清风欲归去"早已道破了老白茶气的天机。一般年份稍长的老白茶都会有不同程度的茶气，茶树树龄越老，茶气越容易出现。

　　"老白茶酮"其实只是白茶主产地之一福建省福鼎市的一些茶企与茶叶从业人员所起的"艺名"，它的正式名称是 N- 乙基 -2- 吡咯烷酮取代的黄烷醇类，简称为 EPSF。

品鉴老白茶

2018 年，中国农业科学院茶叶研究所与福鼎市人民政府合作，由林智等研究员组成的课题组在年份白毫银针和白牡丹白茶中发现了 7 种 EPSF 类成分，并将研究成果刊登在美国 *Journal of Agricultural and Food Chemistry* 期刊上。林智课题组的研究表明，EPSF 类成分由白茶中的主要儿茶素类成分与游离茶氨酸在长时间的贮藏过程中反应生成。其含量与白茶的贮藏年份间呈现强正相关性，也即证明，这类物质是年份白茶（即老白茶）的特征化合物，可作为白茶长时间贮藏的标志性化合物。

众所周知，在适宜条件下长时间贮藏存放的年份白茶被认为具有比新茶更好的保健功能。

白茶样品	茶多酚（%）	咖啡碱（%）	氨基酸（%）	可溶性糖（%）	黄酮（mg/g）
当年新茶	22.7	4.28	3.90	2.74	5.67
陈 1 年	21.4	3.63	3.89	2.76	6.94
陈 3 年	20.2	3.49	3.81	2.70	5.95
陈 20 年	8.2	2.52	0.32	1.96	13.26

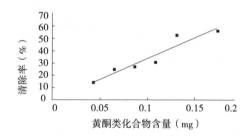

1. R_1=OH，R_2=galloyl(S–EGCG–cThea)
2. R_1=OH，R_2=galloyl(R–EGCG–cThea)
3. R_1=H，R_2=galloyl(R–ECG–cThea)
4. R_1=OH，R_2=OH(S–EGC–cThea)
5. R_1=OH，R_2=OH(R–EGC–cThea)
6. R_1=H，R_2=OH(S–EC–cThea)
7. R_1=H，R_2=OH(R–EC–cThea)

年份白茶中发现的 7 个 EPSF 类成分的化学结构式

此前，湖南农业大学茶学学科带头人、茶学博士点的导师、国家植物功能成分利用工程技术研究中心主任刘仲华教授及其团队，在 2011 年时设立了关于"白茶与健康"的研究项目，他们针对 1 年、3 年、6 年、9 年一直到 16 年藏期的白茶同时进行研究，发现随着白茶贮藏年份的延长，其在抗炎症、降血糖、修复酒精肝损伤和调理肠胃等功能方面，有逐步增强的效果，随着时间的增加，白茶的内含成分发生变化，这其中的茶多酚、氨基酸、可溶性糖、黄酮类等主要生化成分在不断变化，比如具有较强的清除自由基功能的黄酮类化合物，陈年白茶中的含量要比新茶中高很多。

黄酮类物质是茶多酚的重要组成部分，其中黄酮醇及苷类，占茶叶干物的 3%~4%，它对于茶叶的感官品质、生理功能起着重要的作用，黄酮类化合物可以清除自由基，具有较强的抗氧化、抗肿瘤、抗突变和保护心血管等作用，更为重要的是黄酮是人体必需的天然营养素，又因为相对分子质量小，易被人体吸收，代谢快，在体内不蓄积，需要经常补充。而人体自身又不能合成类黄酮，所以必须从食物中获取。

湖南大学食品科学技术研究院杨伟丽教授及团队，将同地点、同品种、同嫩度的鲜叶同时加工成 6 种茶样，然后分析其中主要生化成分含量的差异，在实验中意外发现，6 大茶类中白茶、青茶、红茶、绿茶、黄茶、黑茶的黄酮含量依次递减，其中白茶的黄酮含量升高了 16.2 倍，由此可见白茶的特殊加工工艺有利于黄酮含量的累积，除此之外，还发现陈年老白茶黄酮的含量要比新茶黄酮的含量高很多，是当年新茶黄酮含量的 2.34 倍。

如今，"老白茶酮"可以为年份白茶的生物活性和保健功能增添新的解释。

藏新白茶，喝老白茶，边藏边喝。这样，感受着白茶从初始的清新淡雅，到经年陈化之后的醇和悠香，恰似留住了岁月，雕刻着时光。（雷顺号，2019.3）

回望家山

关于茶，原先我没什么特别的感觉，茶色或深或浅，茶味或酽或淡，都不过是本能的解渴需求，习惯不同而已。然而，我又较早地意识到了茶水里溶化着一份情怀，无论冰凉还是滚烫，进口，入喉，一种感念由心缓缓走向全身，甚至弥漫整个身心空间。这种感觉，或者说幻觉，最初来自一次喝完茶水后被羞辱的愕然和委屈。当然，开始没那么清晰，后来才慢慢地加深和真切。

幼年的日子，我们这些野孩子常常玩得满脸满手都是泥灰，口渴了，手不洗脸不擦，无论钻进谁家，直接动手翻茶罐倒水喝。那罐子多半是旧的，盖在罐口上的茶碗也很旧，有些主妇还啰唆，要我们小心点，别摔破了，或者让她来。我们讨厌她的唠叨，端起碗，脖子一仰，咕嘟咕嘟一口气喝完，抬手拿衣袖一抹嘴巴，一溜烟出门而去，连声谢都不说。那茶我们叫凉茶，不仅仅因为凉，还因为有些茶水不是用茶叶而是用某些草药沏泡的，能解渴，还能解毒消暑。

那时候我们对城市的向往比口渴想喝水的感觉还强烈，大人们嘴里勾勒出的县城，几乎就是天堂。而下乡来走亲戚的城里孩子，他们的口音、举止、见识，都与我们不同，相比之下，我们落后得有点儿抬不起头。没想到，我的向往居然很快得以实现。以往父母进城，都不许我跟班，嫌我碍事。这次要在一个远房亲戚那里借住几天，时间充裕，答应带上我。

我被街边密集的店铺、琳琅的商品、旺盛的人气惊呆了，根本分不清东西南北，紧紧拉着母亲的手，生怕走丢。然而我又很勇敢，到了亲戚家里，就在他家门前的弄堂里往两头摸索，尽可能把城里的新鲜与美好装入眼睛。我的努力没有白费，终于有了一个重大发现。城里竟然还有人家装凉茶不用瓦罐，也不放在屋子里，而是用玻璃杯一杯一杯盛着，摆在门前的小桌子上，上面盖着一张玻璃板。杯里没有茶叶也没有草药，只有清澈淡黄的水，格外诱人。这样的豪华架势，让我这个只用旧碗喝茶的孩子胸中升起一片飞跃的情怀，我想象得出伙伴们听我讲用玻璃杯喝茶时那种崇拜的眼神。我没用过玻璃杯，事实上，我们谁家都没有玻璃杯，这是贵重物品，只在公家见过。我十二分钦佩城里人想得周到，似乎就是为了了却我早就想用玻璃杯喝茶的那份心愿。我很认真地审视了一下自己，手上没有泥灰，身上的衣服有点厚，却是过年的新衣，典型的小客人装扮。这是我第一次进城，我非

旧时的小街变身今日大茶市

常主动地对茶桌后面那个女人小声说："奶奶，我喝茶。"那女人虽然面无表情，却轻轻揭起玻璃板，递给我一杯。我捧着杯子，那种凉爽与光滑的手感使小手微微颤抖，生怕它掉落。我很小心地抿了一口，茶汤没什么特别，不如老家的味浓，而我已喝足了茶水之外的那份惬意。

当我还了玻璃杯心满意足刚要走时，奶奶伸手跟我要钱。我一下子傻了，喝凉茶还要钱？我哪有钱呀！老女人一把抓住我，凶凶地说，哪来的乡巴佬，没钱也来喝茶。我走不脱，恐惧与屈辱吓得我情不自禁大哭起来。

母亲用两分钱将我赎回。羞怯如影随形，我在亲戚家里不敢抬头，恨不得早点回到山的深处，城市给我的印象因此恶劣。老家的茶，不管凉的热的，喝多少都行，没见过要给钱的。后来我对瓦罐里的茶水有了一种亲切的感觉，对那些唠叨的女人不再厌烦，喝茶先叫一声阿姨或婶婶。我的变化得到了她们"懂事"的赞誉，说我去城里住几天就像城里人。这种赞许连同茶水送入口中，立时变成一丝暖暖的甜蜜与温情。她们不知道，我进城最大的收获是改变了对城里人的看法，并讨厌他们。这个懂事的代价，是我心里永远压着的一个秘密。

第一次正儿八经喝热茶是随父亲去一个村庄。和大人们平坐，一起有模有样地喝茶，我多少有点受宠若惊，也学他们慢慢吹散茶的热气，轻轻啜饮，吱吱作响，一下子有了长大的感觉。奶奶说，家里来了人，是客不是客，都要泡碗茶。喝茶不能喝一道，至少要三道。我记住了奶奶的话，坐在八仙桌旁，尽管不口渴，也一直安静得不曾离开。别人说茶叶好，我不知好在哪里，只好看着茶碗消磨时光。那户人家讲究，茶碗清一色用青花瓷，不大不小的那种，白底蓝花，很漂亮，使普通的粗茶平添了一层亮丽的色彩。

以茶待客给我印象最深的，还是去一个亲戚家喝喜酒。他们村夜晚闹新房很特别，大堂上拼几张饭桌，挤挤挨挨围着几十人，要新娘子泡茶。那时候很少有暖水瓶，烧水不那么方便，这么多人得用几把银壶同时烧。新娘提一壶开水不够一轮，那些没泡上的就起哄，急得新娘一路小跑。这边刚泡好，那边喝完了又呼叫。添水，烧水，泡茶，续茶，有人离去又不时有人加进来，整个院落热闹异常。如何应对这种乱纷纷的场面，便是众乡亲对新媳妇善意的考验。新生活从茶开始，如果哪位新媳妇敢用没有烧开的水泡茶冲茶，估计人品问题能影响她好几年。

我还发现热茶有平息怒火的功效。一次几个伙伴玩着，不知怎么吵起来，然后有一个被打得头破血流。挨打孩子的家人来到打人的家里，怒气冲冲，非要赔偿什么的。打了人的不服，说他先骂人。这么吵着，围观的人就很多。打人孩子的母亲端过几碗茶，说，他叔他姨你们先喝口茶，都是孩子没教好不懂事，我陪你去医院看看。这么说着，围观的人就开始解围，孩子们打打闹闹免不了，知道错了就行，以后别再打人就是了。于是又有人趁机蘸些茶油往肿包和伤口边上抹。质询一方的口气开始缓和，接了茶喝，聊起其他的事，任由那个倒霉蛋在一边抽泣。如果自己能对付的事非要人家掏钱上医院，茶也不接，那他的形象与口碑在街坊里都将大打折扣。暴戾与平和，就这样在茶香袅袅中转化。

凉凉热热的茶水无意中将我的少年生活一点一点浸润，它不但解了我生理上的渴，也解他人的渴，更解社会之渴，让那个苦难年代因茶而弥漫出丝丝柔情。我不知道茶的需求是否因此而增，早先每户人家不过几棵老茶树，后来慢慢扩展成一片新茶园，采茶晒茶成了农家不可或缺的农事。

当双臂有足够力量的时候，我学会了竹簟晒茶。故乡的白茶制作时不炒不揉，不仅自家晒茶要用竹簟，别人家也要竹簟。晒茶的时候，竹簟架子旁少不了几个姑娘，她们白天采茶，我们栽秧，夜晚制茶就成了我们在她们跟前大显身手的绝好机会。姑娘们身段好，笑声甜，她们的歌声动听。那年代有一首歌特别好听，叫《采茶舞曲》，好像什么演出都少不了这个曲目，让人百听不厌。我记得最清楚的歌词是"好比那两只公鸡啄米上又下",然后女演员们两只手变换着动作很自然做出采摘茶芽的样子,着实令人痴迷。优美的旋律冲击着我的耳膜,年轻的心澎湃激荡。晒茶其实不是好差事,姑娘们很少动手。因为那双浸透了茶汁的手,第二天在水田里一泡,两只手掌便紫黑得如同魔怪。姑娘们免不了也要下田,即便做家务,与铁器接触,同样显黑,实在有碍观瞻。我们用一双因晾茶而黑的手,在水田里栽秧,播种希望,同时又一家一家去晒茶,替代姑娘们的细小巧手,有一种担当的豪迈,在彼此交接的眼波中播种爱情,期望金黄的秋天有一个好收成。

有意思的是,当我真正跻身县城的时候,县城早已不是当年的县城,不管是大街还是里弄,都看不到那种卖茶的摊子,许多许多茶馆的招牌在夜色中闪闪发亮。我对喝茶要钱不再反感,留在幼小心灵里的那道疮疤早已抹平,完全认同茶的商品属性。我想,只有更多的人像那个老女人一样卖茶,我们的生活品质才会提高更快。我对茶的认识不再停留在邻里之间,无论广度还是深度都要宽厚得多。朋友们一起喝茶,可以随意,也可以讲究。喝茶不因口渴,更注重营造一种氛围,便于探讨一些话题。饮茶的历史,茶经的论述,茶与历代名人,茶的品种与品位,茶与宗教及文学的关系,包括各式茶具对饮茶的影响,思想在茶香中得到开释与奔放。茶如人生也好,人生若茶也罢,茶在生活中的比重非常大。俗话说,开门七件事,柴米油盐酱醋茶,若从现在的日常生活消费关注度来考量,茶基本已经跃升为第一位。不过我的思绪还常飞回山水之间,田野之上,品味瓦罐中倒出来的味道。下乡时,如果在农家还能巧遇那种古董似的喝茶方式,无论主人多么殷勤,还是要先喝一杯那远去的凉茶,不仅仅是怀旧,似乎有一个声音在低沉回旋。

回旋的往事里,有一幕永远烙在我的脑海。一个老乞丐,衣衫褴褛,蓬头垢面。奶奶给他一把米,他收入袋中,站在门口并未离去，问，能不能给一碗茶？奶奶又给他一碗凉茶，他喝了，说，菩萨保佑好人平安发财！他的嘴巴张张合合，将沾在胡子上的水珠抖落，然后转身慢慢离去，微微驼着背，步履蹒跚。我怪奶奶怎么给乞丐茶喝，把碗弄脏了。奶奶说，碗脏了可以洗，乞丐如果喝水得病，会死的。乞丐也是人呢。

"乞丐也是人呢"这个声音后来常常会从某个角落飘出来，提醒我给那些最贫困的人一杯茶水。有时候我从茶中看到悲悯，就是被这个声音刺疼某个器官最柔软的地方。从喝凉茶到如今的工夫茶，从旧碗到如今的专用茶具，不管你喝的是白茶红茶，抑或绿茶黑茶，也不管你是一介平民，还是富贾权贵，你与茶结缘，豪饮浅尝，都会在唇齿间品咂出生活的酸甜苦辣，奔放的思绪最终会有片刻回归。茶再怎么发展，它的本质都应该是情怀。将人与人黏合，将痛苦减轻，将幸福扩展。纵然茶事流派多多，却能几千年传承光大，或许有这个缘由吧。如果某一天，茶不再承载这样的情怀，将它丢弃，那茶文化必将消失，人类也会倒退得如山顶洞人一般原始。（雷顺号，2007.6）

篇五

草木有心

隆冬时节，雾气弥漫的方家山，白雪初融般。

此时，如果选择一种颜色，那就是白色。白色，是安静的颜色，如我们手中的杯盏，白瓷杯，杯中氤氲的茶香，来自方守龙老师亲自冲泡的白茶。

烫杯，投茶，闻香，暖暖的气息便从握着杯的手传遍全身。不同的茶叶，冲泡出不同的香味。2007年的牡丹有清豆香；2018年的银针，散发出的是谷香、糯香，喝起来有着豆花的绵、甜；2018年的三级牡丹，闻着是蔗糖香、兰香，喝起来是花蜜香、马蹄香。也许，你觉得这喝的不是茶，是某种甜蜜的来自天然的果实。

方守龙泡白茶

是的，这便是方守龙老师亲手制作的白茶，食品级，茶品散发出香气，是一杯杯有内涵、有气质、有灵魂的茶。

我想，能把白茶冲泡出禅意，非方守龙老师莫属。

不张扬，沉静而内敛。

寡言少语的方老师一遍一遍地为我们冲泡白茶，我们在闻香品茗，在感受自然中的叶子与水的一次次完美融合，我们喝的不只是茶。

山间茶舍，朴素而清美。屋外，雨雾迷蒙，屋

方守龙与陈兴华在奥运砖前合影

内，围炉煮茶。一把茶壶，二三人围桌喝茶，三四个杯盏。山在这里，茶在这里，人在这里。无须太多言语，喝茶即是。我的理解，禅便是此刻。

"白茶其实就是简单。"方守龙老师说，"很多简单的事情，没人做，我做了，仅此而已。"

一条原始的山间小道，长满青苔，一小截的汀步小石头桥，山路蜿蜒通向原始丛林，便抵达方老师管护的中国白茶山。这茶山是2003年方老师跟朋友去太姥山林场寻找兰花，不经意间发现的一片荒芜茶林。

空灵而清亮的梵音弥漫茶林，他自从管护白茶山开始，便不施化肥不打农药，只用经过长途跋涉运来的高海拔牧区天然放养的羊粪当肥料。茶山中的杂草，只请工人清除，他的茶山自然生态，人工采茶费用比别人的高好几倍。

方老师说，茶山上采什么茶，便顺势制作什么样的白茶。

他的茶山采摘茶叶都是按一芽一叶或一芽二叶的标准来采摘，以时间先后归堆：清明前后为特级；谷雨前为一级；谷雨后为二级；首春结束前为三级；而他卖茶叶很特别，这四个品级一个价格。方老师说，他的三级牡丹采摘标准也很高，外形不亚于别人的一级牡丹。

在方老师的眼中，众茶平等，只有生长时间之别，没有品质优劣之分。他制作的白茶没有贡眉寿眉的概念。

"白茶没那么复杂，按白茶特定工艺，把控好自己的心念去做，做出便成了，能合哪位茶客口感，就看茶的造化了。"方老师说。

一片叶子从茶树上采摘下，经过制作，到冲泡出一杯茶，看似简单，其实已是经过生命的转换。一杯茶，可以折射出制茶人的阅历与涵养。

方老师的勤劳、质朴、真诚、善良，造就了茶品的至真至纯：原生态，真有机。喝他的茶不用担心茶质是否含有农药残留，他

方守龙不仅盖起了白茶神庙，而且经常举办茶会讲白茶

率先把茶叶当食品来制作，做到极致。这在福鼎茶界也是有口皆碑的。

方老师不仅自己追求如此，还倾尽其力，为白茶故里方家山这座茶山贡献自己力所能及的一切。

2011年在方家山的入村口立石碑"白茶小镇"。他还注册"白茶山""白茶故里"等保护性商标，并将"白茶故里"商标无偿给村里人使用。2016年他投入200万元在白茶山建了一座白茶神庙，供着白茶神——太姥娘娘，以供人们瞻仰、缅怀白茶始祖，传承白茶历史。落成时，他制作了"龙凤呈祥"茶品，即"龙团、凤饼、白茶砖"组合。

方老师善于钻研与思考，平常他都会比别人多琢磨些：比如茶叶如何可持续发展、如何支撑产品往前走等。在方老师的带领下，方家山茶园的种植方法、茶叶的制作技艺得以传播。他的多项发明专利也无偿给大家使用。

方老师最大的愿望是希望政府部门将白茶山设立为自然生态保护区而传承下去，方家山的白茶能健康发展起来。方家山的茶人们也都在努力践行着。

从方老师的茶室出来，已夜幕初上，雾气愈加浓重。

蒙蒙细雨中，方老师带我们到他茶室的二楼，一个简易的工坊，看他自己发明的离地清洁化萎凋机。他又带我们去他的另一个正在建设中的茶坊，为我们介绍他的一个新发明，并风趣地说是利用宇宙星系自转公转原理设计制作的晒茶设备，可以全方位地让茶与阳光充分接触。

在老工坊里，我们还看见一大箩筐晒干的宽大的茶叶片，这就是冬茶吧。

我们还未品尝到它泡出的茶品，但仿佛也能感受到它浸润出的甘甜。方老师说：冬茶从 2005 年便开始制作，叫"七彩雪片"，现在把它取名为"雪韵"。多好的名字，又是一杯清冽有韵沁透心扉的茶品。经过十多年的沉淀，如今，这一产品已成为福鼎白茶的一个独立单元——"冬茶"。

来时雾气弥漫，离开时雨雾迷蒙。

初冬，尚未有初雪，但仿佛从初雪中走出，通透，明亮，一如我们喝了一下午的方老师的茶，温暖于心。（蓝雨，2017.11）

绿雪灵芽

好白茶,绿雪芽;绿雪芽,好白茶。经常从茶客口中听到的这句赞誉,似乎说明绿雪芽与好白茶是天经地义的一体,容不得分辨。

太姥山鸿雪洞旁的那棵古茶树名字就叫"绿雪芽",为何天湖茶业有如此之幸能得到这个以白茶母树命名的品牌呢?

"是太姥娘娘的恩赐啊!"福建省天湖茶业有限公司董事长林有希经常这么说,"是机缘巧合。1999 年 10 月创建天湖茶业有限公司,公司成立后,需要一个茶叶品牌。2000 年初,正巧有人出让'绿雪芽'品牌,就花了重金买到了这个品牌。其时,当时茶企还没有品牌意识,人们还不理解,这一个空的品牌名为什么要花这么多钱来收购。当时觉得绿雪芽这个牌子不能流落在外,一定要在福鼎。"

林有希,出生于 1963 年,福建福鼎人。国家高级评茶师、高级经济师、福建省制茶技能大师、宁德市非物质文化遗产项目"福鼎白茶制作技艺"代表性传承人,中国制茶大师,福鼎白茶"十佳匠心茶人",现任福建省天湖茶业有限公司董事长、中国茶叶流通协会常务理事、福鼎市茶文化研究会会长。

林有希生于茶业世家,一生与茶结缘。1963 年他出生在白茶之乡福鼎,17 岁便进入福鼎县(今福鼎市)茶业局从事茶叶机械技术工作,在短短 12 年内他已然是业界的精英骨干:

他主持了"茶园喷灌工程"总体设计,改进茶叶初制机械设

公祭福鼎大白茶
始祖"绿雪芽"

备，特别是对热风灶的改进做出了重大贡献，有力地促进了福鼎茶叶的机械化生产进程；他推广"华茶一号""华茶二号"品种，改良当地茶叶种植结构，促进当地茶业产业发展；他研制的"银勾"荣获"福建省优质茶"称号，并率先在北京、上海建立了销售网络……

当时的他只是把这些当作是分内的工作完成，从未想到，这些用汗水和心血积累的经验会成为他日后的财富。

1996年，国企改革，林有希乘时代东风，创办福鼎惜缘茶厂，先后到广州、上海创业，最后决定在北京立足。

那时的马连道上有一个老的国有企业，也就是现在的北京茶叶总公司。很多外地来的人其实都是围绕着北京茶叶总公司做生意。林有希回忆过去时说，说是茶叶总公司，更像是茶叶市场。一个大棚下，一家商户用只供一人转身的格子在摆地摊，前面是茶叶的摊位，后面便是吃住的地方。林有希和许多福建的茶商一样，只卖茉莉花茶，生意还不错，生活也慢慢步入了正轨。

然而，林有希心中总还有些隐隐的遗憾，他对福鼎白茶的情结总是难以割舍。林有希有着对茶业的规划和抱负，他在等待时机……

转眼到了 1999 年，林有希 37 岁。这一年，林有希成立了福建省天湖茶业有限公司，并在老家福鼎开始承包茶园。他的事业在这一年迈开了新的一步，也遇到了更大的挑战。作为第一个"吃螃蟹"的人，回家承包茶园，林有希夫妇成了当地茶商的笑话，说他是傻子："那里的破山谁要啊，草比人高。这么做林有希肯定是会破产的。"在一片嘲笑讥讽声中，林有希开始了一段艰苦的征程。

凭借着多年评茶师的经验和对茶业发展的观察，林有希相信自己的眼光。爱护自然，改良土壤，给子孙留一片净土是可持续发展之道，真正的有机茶园才是未来茶业的发展趋势。

"漫山遍野的草，没关系，我用双手来除！"

不畏艰辛，林有希依靠人海战术来除草，一年半以后便成功地拿到了有机茶园的认证证书。然而这还只是第一步，有机茶园的关键在于土壤。十几年来，林有希找专家监测土壤的疏松程度、含铁量、微量元素、酸碱度，为一棵棵茶苗培养出最适宜的土壤"床铺"。为了保证出产茶叶的质量，林有希一鼓作气，完全按照国际ISO9000 质量体系标准修建新的制茶厂，把茶叶加工的最高标准发挥到了

林有希在制茶

绿雪芽行禅茶旅

极致。

就这样，良好的生态环境、精选的品种、先进的加工工艺及设备，加上经验丰富的原国有茶厂技师和带有先进技术理念的大学毕业生，林有希茶园的茶叶品质远胜他人一筹，"涵养大地，关爱生命"也作为天湖茶业的企业理念，践行始终。

林有希深信白茶的保健功效对人体的好处，预见到未来白茶的巨大市场，因此天湖茶业在推广有机绿茶的同时，做了大量的白茶储备。借势于2001年在福鼎举办的中国茶叶流通协会年会，会上，在提供年会礼品时天湖茶业推出白茶礼盒，率先在国内开启白茶推广之路。

两年后，天湖茶业自有茶园生产出第一批有机茶，在林有希夫妻二人眼里，这些茶就像他们自己的孩子一样。他们花了很大的精力去给这些茶做包装和宣传，也赢得了北京媒体的关注。在媒体的大力配合之下，他们很快就在市场上取得了一定的知名度。

但是林有希知道，从商之本，在于诚信。即使2009年福鼎茶园的虫害让他损失了三分之二的茶叶，他也坚决不用农药。他知道茶青原料对白茶成品影响非常大，土壤干净与否，生产出来的茶叶品质、口感也大不相同。"桃李不言，下自成蹊"，林有希相信，口碑比任何广告都来得更有信服力。（天湖，2019.10）

品味传承

"方外云中藏帝阁，山间崖上有人家。"此句描绘的是位于太姥山西南麓的方家山村。全村 226 户，涉茶的人就占到了 90%，涉茶收入占到全村收入的 70% 以上。方家山村也有"白茶故里"之称，是福鼎白茶的重要组成部分。

方家山村是畲族聚居地，畲族人口占总人口的 52% 以上。这里完整保留着畲族的生活习惯，包括畲族的语言、民俗文化。每年三月三畲族歌会，不仅吸引了八方来客，采茶季节畲族姑娘们的采茶身影更是摄影师们拍摄的对象。作为非物质遗产传承人的老钟，当然也成了新闻的焦点。

而每当此时，正逢白茶的开采季节，就是人们所说的头采明前茶"白毫银针""白牡丹"采青时节。

老钟家白茶的创始人钟金水（老钟）会在自家茶园里做场开采祭茶仪式，焚香祈福，感恩茶神太姥娘娘和土地山神对茶园的庇佑，愿天下茶人茶客幸福安康，同时也祝愿自己来年有个好收成。

老钟是太姥山原住民畲族人，这里是畲族人世世代代赖以生存的地方，老钟的先祖自乾隆年间就迁居到此。

畲族是一支在南方游耕的少数民族，依山而居，靠山吃山，种茶历史悠久。畲禅语云："畲山无园不种茶，山上无茶不成村。"

初中毕业后，老钟到太姥山林场所属的梅花田茶厂上班，父亲是当时茶厂一名制茶师傅。

方家山白茶产业振兴带头人钟金水

后因茶产业不景气，茶厂于 20 世纪 90 年代末解散，他也转了行。2006 年以来，福鼎市政府大力宣传推广福鼎白茶，白茶在各大茶类中迅速崛起。

老钟重操旧业，2011 年以来，先后创立了福鼎市方家山畲家茶叶专业合作社、福鼎市畲茗香茶业有限公司，并成功注册了品牌商标"妙惠老锺家""畲泡香""美毫王""虫叶茶""多彩山哈""畲族印象"等。

虽说公司成立时间不长、规模不大，但产出的白茶品质优、口感好，广受好评，屡屡在各大赛事上获得大奖。

2013 年，畲茗香茶业选送的茶样荣获福建省第二届少数民族名优茶评比"白茶类"金奖；2014 年，以方家山畲家茶叶专业合作社名义推送的白牡丹茶样荣获宁德市第六届茶王赛"茶王"称号，送选的白毫银针荣获第一名"金奖"。

畲茗香茶业有限公司又连续在第六届、第七届茶王赛上，荣获宁德市茶王赛金奖和福鼎白茶斗茶赛银奖，2018 年再次摘得宁德市第八届茶王赛白牡丹"茶王"桂冠。畲茗香茶业有限公司先后被评为福鼎市、宁德市龙头企业。

成绩的背后凝聚了老钟的辛劳，但他不以为然。他的梦想是能够带动村民共同做好畲家生态白茶，为福鼎白茶添砖加瓦。

创立福鼎市方家山畲家茶叶专业合作社便有他的这份考虑，他以福鼎太姥山方家山茶青为原料，把畲家传统制茶技艺和福鼎白茶现代工艺相融合，自创出"钟氏畲族半发酵红茶"。为此，2019 年，老钟本人被福鼎市政府列入福鼎市第五批钟氏畲族红茶制作技艺非物质文化遗产传承人。

这种茶入口清醇、回甘醇厚，短短数年便在福鼎白茶市场占有了重要一席。

说起茶园，老钟最为自豪的是他家的生态茶园。2015 年 5 月央视新闻联播"生态文明，美丽中国"栏目走进生态建设示范市福鼎，选择老钟家生态茶园进行全程拍摄采访，并将之作为福鼎市政府生态茶园建设的一个窗口。

"生态茶园里虫子特别多，就像人们喜欢好山好水一样，虫子也喜欢没有农药的地方，这些长有虫眼的生态茶就是虫叶茶。在生态茶园管理上主要用生物诱虫粘板和灭虫灯等办法除虫，虽然茶青叶面被虫咬得厉害，但这些虫眼一般都是绿头龟和小绿叶蝉咬的，不影响茶树生长，反而，茶叶的香气甘甜度和鲜爽度都有提高。"

因为，茶叶的叶面经过虫咬，叶面虫咬口在修复过程中自然增厚，内含物质更加丰富，所以，香甜度和鲜爽度更高，老钟一边走，一边介绍。

老钟家生态茶园有 120 多亩，是 20 世纪六七十年代由生产队种植的，当时以绿茶、红茶为主，因经济效益不好、无人管理被抛荒了。老钟接手时，茶园荒芜了十几年，树龄 50 年以上，茶树高有五六米。

老钟就琢磨着：现在人们生活水平提高了，对食品安全重视程度也提高了。而这种茶作为一种自然生长的茶，因为不施肥料，不打农药，没有太多人工干预，虫子特别多。这些自然产生的虫叶就是一个市场机会，于是，他注册了"虫叶茶"品牌。

虫叶茶是生长缓慢、产量较少（一年也就 1000 多斤）的生态茶，然而，其茶叶有机物含量特别高，香气十足，深受茶人茶客的喜爱。

茶园收入不降反升，从过去每亩 3000 元左右变成每亩 10 000 多元。茶叶每年供不应求，如今生态虫叶白茶已成为老钟家的金字招牌。

"今年年前，茶商们早早将定金打过来了，后来我们供应不上，最后不得不向茶商们赔礼道歉。"老钟略显无奈，脸上却溢满喜悦。未来，老钟计划扩大生产，在方家山村利用原有的茶园改良一片约 2000 多亩的生态茶园，让更多的人能够喝上健康有机生态的放心好茶。

老钟家品牌逐步获得客户认可

在 2017 年的三月三畲族歌会上，福鼎市方家山畲寨生态白茶合作联社和福鼎市茶业协会方家山分会正式授牌成立，老钟被推举为合作联社的理事长和协会会长。"我们成立合作联社，希望能够更好地从源头上把好安全质量关，实现全村茶园向有机生态茶园的转变，将合作联社中的茶企、茶商和茶农捆绑在一起发展，互相监督，以此来提升茶叶质量，带动村民增收。"老钟说道。

合作联社是由方家山村大小企业组成的一个茶叶专业合作联盟组织，村民 5 到 10 户为一组，合作联社对其进行统管。茶树怎么打理，什么时候施肥和施什么肥，这些都由合作联社统一监督、管理，提供一对一的技术指导，而村民只负责采摘和收益。发现哪家喷洒农药，合作联社会负责做记录、通报。年终进行评比，在不合格者家门口挂黄牌，在合格者家门口挂星牌。

"采用这种做法的结果是方家山村的茶企不需要走出去，茶商们会慕名而来。一看哪家的星级高，自然就放心采购，从而在农户间形成了竞争机制，有的农户茶好卖，价格翻两番，而有的却没人要。"老钟详细地给记者介绍。

方家山村规模不大，相对好管理，但最初与茶农协商还是让人很头疼的。一开始，茶农们提出质疑，担心产量下降，担心收益减少。老钟心里有数："只要老百姓增收了，就会听话。"他便召集合作联社以高出市场价 20%～50% 的价格进行收购，以充分保障茶农的收益。"大家做生态茶的意识提升了。以前还有用除草剂的，现在基本没有了。在肥料上用有机肥、羊粪、马粪。"老钟感慨这一办法的有效性。

老钟家的白茶产品，带有鲜明的畲族风情，将畲族的文化和白茶文化相融合，用畲家元素、畲家特色包装福鼎白茶，通过福鼎白茶带动畲村发展，这是老钟家白茶最具特色的地方。

近几年，福鼎市政府注重旅游业、茶业等特色产业的发展，老钟把茶旅游、茶游学提上了规划日程。通过"畲寨民族风"和"福鼎白茶热"吸引各地茶友、茶商汇聚老钟家。

目前，老钟的儿子钟玉龙大学毕业也回家跟着他一起干，所有老钟家的生态茶园里都挂着"宁德市大学生自主创业示范点"的招牌，每年吸引大批大学生来此考察学习。

2015—2018年四年来，老钟带领组织村里联合社成员跑遍了大半个中国，参加了近30场大大小小的茶产业博览会，借助茶友密集聚集的机会，宣传方家山，取得良好的成效。老钟决定继续进行带领大家"走出去，请进来"的做法，把好茶带出去，把茶商请进来。

在方家山村目前茶业经济是村民主要收入来源，为推进方家山白茶产业发展，全面打响"白茶故里"的品牌，拟建设占地2500平方米，总投资260多亩，集白茶历史文化展示、现代化与清洁化白茶加工示范为一体的生态白茶产业园，并在茶园内建设观光游道、观光亭、景观小品等服务设施，引导游客采摘白茶，制作白茶，作为旅游产品带回家，形成"有景可观，有茶可品，有香可闻，有道可悟"的生态白茶示范村。

"随着我们历届市委市政府对福鼎白茶这个区域公共品牌的打造和推广，我们作为白茶企业的一员，也必须努力为福鼎茶产业添砖加瓦。"一句话道出了老钟作为民营企业家的情怀和社会责任。（畲茗香，2019.10）

山哈记忆

人养茶，茶养人，生活在大山里的山哈人一生与茶为伴，称自己为茶人，他们确信：一生事茶，一世茶情。

碧云天，绿叶波。已是深秋时日，地处太姥山深处的方家村，仍然为我们演绎出绿意葱茏之境。一路闻茶香而来，方家山人着实让我们深信，茶与他们确实是血脉相连，连着筋骨的。此时，小雨飘浮，丝丝沁心，清爽的空气里充满茶香的气息。不宽的街巷里，装修简单的茶店一家挨着一家，热爱茶的人们围坐一起，闻香、看色、品味，每个人的脸上都洋溢着幸福和快乐，你看不出哪个是主人，哪个是茶客。一杯热腾腾的茶，一段惬意的时光。这个因白茶而热腾起来的白茶故里，就像一个港湾，一个心灵的驿站。在这里，你可以完全停下来，享受这宁静的一切，感受大自然的恩赐。

十几年前，方家山还是一个几乎与世隔绝的深山，这里是畲家人的家园。湿润、多雨、日照短的气候很适合茶叶的生长，所产茶叶品质优良。靠山吃山，畲民们世代种茶，采用的是最原始的方式制茶，采摘，晾晒，烘干，然后用麻布袋收起来，密封保存。大山总是与贫瘠、偏远、艰难相伴，但山哈人始终保持着对美好生活的向往和追求，一片片茶园就是他们勤勉、坚韧、乐观的见证。畲族自称山哈，意为山里的客人，他们敬奉山神，感恩大山的赐予，虔诚地保护着大山自然、最初的品质。山哈人热情好客，只要你愿意，可以走进任何一户人家，主人一定会以十二分的热情欢迎你，留下你，泡一款白茶，与你聊大山的恩情，唱上一曲山哈人的情歌。

在我对面坐的钟而洲就是这样一位山哈小伙子，戴着一副眼镜，文质彬彬，你很难将他与福鼎市白茶龙头企业"国子生态茶业有限公司"总经理的身份联系起来。也许是因为泡在茶香里长大的缘故，他浑身上下充满着茶的特质，简单、质朴、热情。他家祖祖辈辈居住在当地最偏远的孔兰村，村民们外出都要翻山越岭，走上两个多小时。2003年，福鼎市启动"造福工程"，将分散在各个山头或山坳里的大部分村民集中搬迁到村两委所在的方家村。村两委组织村民开垦荒山，种植茶叶等山地经济作物。近年来，村两委还组建了茶叶专业合作社，让分散的茶企抱团合力发展。钟而洲就是享受造福工程成长起来的新生代茶人。从小就爱喝茶的他，对茶有一份独特的情感。"小时候家里穷，唯一的经济来源就是茶叶，从五六岁起，我们就跟着长辈们上山采茶了。由于皮肤嫩，没采几下，双手都溢出血来，疼得直掉眼泪，但爸爸坚持让我们继续采茶，说山哈人都是这样过来的。"回忆起少年时期的往事，小伙子感慨不已。三年前，在外打拼的他拒绝了老板的挽留，毅然选择回到在山旮旯的家乡，回到大山种茶、制茶，开始了土地里的创业。"一闻到茶香，心就踏实。"是啊，这是有根有记忆的地方，他和朋友创办了"福鼎市国子生态茶业有限公司"。企业创办之初，没有任何基础和门路的他们得到了福鼎市领导的支持，两个年轻人怀着感恩的心开始了创业历程。年轻人的潜力是无穷的，

钟而洲与爷爷、父亲的幸福茶生活

有诚心有创意,他们的努力初见成效,把一个建立才三年的企业干得风生水起,他们公司成了2018年度福鼎市级龙头企业。"我的目标是致力于打造无公害纯天然食品,利用先进的现代化农业科学技术,生产高端有机茶,打造放心食用茶。"他深情地说,"我爱这块生我养我的土地,它们给了我善良和诚信的品质,而我能做的就是将这种品质融入茶品里。我们将在国子、山哈记忆品牌的基础上,推出'家传精神'等产品系列。"

说起山哈记忆品牌,钟而洲回忆说:"我们畲族人非常淳朴,把银针和牡丹采摘出来拿去给进出口公司做出口,那留下的寿眉给我们自己家喝,所以我才会选择寿眉这个产品去做山哈记忆,这个记忆里有我们畲族人小时候的味道,天然朴实,余味长久。"他一边为我们泡上一道"山哈记忆"白茶,一边介绍说:"山哈记忆,干茶色泽五彩斑斓,无论冲泡还是蒸煮,口感都十分协调且具有变化。香气变化无穷,其滋味物质感丰富,个性出众,韵味十足。"

对于钟而洲而言,做白茶不仅仅是将熟悉的味道带出大山,更希望能够借由产品将"畲族"、将"方家山"推广给更多人知晓。茶在他眼里,或许不仅仅是一种谋生的手段和纯物质的叶片,而是生命中的一个有机组成部分,一种融入生命的感情。与钟而

钟而洲

洲交流，你会发现新时代的阳光已然驱走了笼罩在他小时候因家庭贫困而形成的自卑阴霾，他自信、有闯劲。说起文创事业的前景，他浑身充满着激情。在他身上，我们看到了来自山哈人多彩的民族文化所焕发出来的自豪，他们乐于展示自己的民族文化，也乐于与他人共享山哈人的幸福和快乐。让白茶与畲族共舞，将茶叶文化与中国传统文化、山哈文化融合起来，让国学文化、山哈文化以白茶为纽带，走进更多人心中，去浸润更多的心灵，钟而洲认为这是年轻山哈人的使命担当。

经过了一场雨，方家山的空气淡泊空灵，纯净得近乎圣洁，清新得让人感动。我用力呼吸着，此时真希望自己的身体有一个袋子，能将这空气储存，慢慢享受。绕走在方家山的茶园之中，此时，经过了大半年的"春水秋香"，茶儿们奉献完最后一茬"秋香"，正静静地沁谧着，开始了新一轮能量的集聚，吸润眠雾，静待来年的勃发。"桧柏参天，日月蔽亏，竹木幽翳，石涧潺潺，而四面群峰千遭百匝，固兹山一幽绝所也。"品读着明代著名文史学家谢肇淛称赞太姥山的诗文，四望方家山远远近近的茶园静静延展，茶色如黛，色、气、味、境一体，让人不由得有一种泫然的醉意。

与方家山邂逅，与白茶谈情，看山哈人与茶的一往情深，这是一个美丽的遇见，一段入心入肺的记忆。方家山白茶，一座心中仰止的茶之高山。（卢彩娱，2017.11）

放歌茶山

正月采茶上茶山　　青山茶树叶青青
这轮采茶来太早　　那是空手转回行

二月采茶是春分　　早茶抽芽香喷喷
头采嫩芽一等品　　白毫银针值金银

三月采茶清明前　　买茶客人我村行
高山白茶品质好　　清水泡茶香又甜

四月采茶正当忙　　天气回暖茶快长
左手提篮右手采　　一天日头晒到晚

五月采茶节来到　　采茶人姐心又愁
雨水天时茶难采　　脚穿水鞋戴笠头

六月采茶年中央　　日头似火热难当
手拿汗巾擦汗水　　也没树影好遮凉

七月采茶七月半　　三茶抽芽满园青
两叶一心就要采　　若是太长不值钱

八月采茶是中秋　我尽嫩采粗不留
有心茶籽都采净　下轮要等白露抽

九月采茶是重阳　白露茶青采净光
手拿锄头去除草　茶树开花白茫茫

十月时节是立冬　采茶人姐转回门
采茶也是艰苦事　日头晒了成包公

十一月时节冬至来　采茶人姐心正开
一年茶事都做完　四处游玩笑微微

十二月时节是年前　采茶人姐心正欢
又做新衫买鱼肉　家家户户过大年

这首流行于闽浙的《采茶歌》，唱出了方家山茶农丰收的喜悦。

"白茶是山里野生的，白茶最初就是当地人用土办法自己制作饮用的。我就想，能不能把这种当地的特产白茶文化深挖一下，写出一首人人可传唱的原创采茶歌。"李枝枝不仅是一名畲族歌手，也是一名创业者，现任福鼎市畲然香茶业专业合作社理事长。

自幼熟习畲族文化的李枝枝是一个 80 后，生于福鼎大山里一个畲族自然村的少数民族茶农家庭。从小在农村生、在农村长的李枝枝，熟悉农村的一切，这一切更是在她心中播下了梦想的种子。

李枝枝说，很多人都有创业梦，自己也不例外。"我选择从事销售行业，慢慢发展，毕竟我有信心，并且我很喜欢做销售。"2005 年，在杭州做了两年销售工作的李枝枝，转行做起了花艺行业。2008 年，她凭借着优秀的表现为自己赢得了一个机会，成为杭州九堡批发城从事鞋服箱包皮具行业的经销商，并管理着一家淘宝店；如今，与自己的梦想更接近一步后，2011 年她开始接触白茶，2015 年嫁到方家山村，夫妻俩有了自己的茶叶公司，2017 年她还当起了方家山畲族生态白茶联合社秘书长。

"我还是希望自己有所突破，毕竟还年轻嘛，想实现自己儿时的梦想。"李枝枝自小就生长在茶农家庭，对茶树的品种、生长环境、土壤气候、茶园管理以及采摘标准都很熟悉，将自家传统的基础技艺应用到白茶生产实践中去。

李枝枝与丈夫在管理茶山

自己采茶自己制茶

"之所以将品牌定义为'畲然香'，源于我们畲族人祖祖辈辈都居住在生态大自然的深山里，喝着天然水，吃着天然农作物，畲族人居住地方圆百里都透着大自然的气息。"李枝枝这样解释自己创立的品牌，走的就是健康路线，做生态健康茶。

坚守源头与品质管理，李枝枝获得了丰厚的回报。2017年，李枝枝制作的福鼎白茶获得"海峡两岸少数民族茶产业交流会福建省第四届少数民族名优茶评选大赛"三等奖；2018年李枝枝家被方家山村委会评选为生态白茶示范户。

2018年，李枝枝参加了福鼎市成人技能学校举办的茶叶技能培训班，考取了"中级茶艺师"和"高级评茶员"职业资格证。平凡又朴实的李枝枝的经历演绎了一个畲族姑娘的励志梦。现在，她不仅是方家山"最美茶人"，还是宁德市畲族非物质文化遗产"三月三"项目代表性传承人，创作的原生态畲歌被畲民传唱。

说起梦想，李枝枝表示，她希望，有更多的人知道"方家山白茶"，更多的人喝上"方家山白茶"，"以歌传情，以茶代言，茶叶与水有缘分，清水泡茶甜到心，我愿茶遇到有缘人"。（雷顺号，2019.8）

欢唱《采茶歌》

茶之本味

"茶人对茶的认知，决定了茶品的最终呈现状态。有什么样的茶叶理念，便会寻觅什么样的毛茶原料；有什么样的制茶观念，便会修成什么样的制茶技艺；有什么样的评茶意识，便会幻化出什么样的茶叶滋味。"——陈起剑说。

也许就是因为从小耳濡目染祖辈们与茶的故事，面临创业的时候，陈起剑在隔壁的苍南县城开了一个茶馆，经营红茶、绿茶和福鼎白茶。当时的福鼎白茶并不像现在一样受到世人的关注，他的选择在旁人看来几乎是不可理喻的。

当年数十个在苍南开茶馆的福鼎老乡，到 2011 年还在这个行业中打拼的，就只剩下陈起剑一个人了。他始终有一个信念：福鼎这么好的茶，一定会有辉煌灿烂、无比广阔的前景。虽然人在苍南开茶馆，但他一直关注着家乡白茶的发展趋势，在寻找机会返乡创业。

机会总是垂青有准备的人。2010 年，"2008 年福鼎市人民政府献礼北京奥运会福鼎白茶纪念砖"研发制作者方守龙先生来到方家山村，带来了自己研发的阳光房、清洁化萎凋等专利技术，办起了白茶山有机茶研究基地，把自己 2001 年承包的茶园做成行业标准样。陈起剑一眼看上了方守龙的技艺和人格魅力，到方守龙基地当起"徒弟工"，边学艺边干活。

在学艺期间，陈起剑初步掌握了白茶萎凋技术和茶园有机管理。2011 年年底，陈起剑联合十多个茶农，自己办起了"春福白

春福白茶复式萎凋房

春福玻璃阳光萎凋房

茶合作社"，继续着与白茶的茶缘。在方家山当地茶企业中，春福茶业首家成立了福鼎白茶研发小组，聘请专家任技术顾问，持续提升福鼎白茶的品饮价值。

制茶是一门功夫，而制茶的最高境界便是看茶做茶，因茶制宜，用最适宜的加工工艺，做至臻的茶品。真正的制茶大师，能够根据茶叶的品种、环境、天气等情况，充分利用视觉、触觉、嗅觉、味觉来掌控茶叶的变化，来制出品质最好的茶品。

福鼎白茶便是一个这样的典范。打造福鼎白茶高端精品，必须把控福鼎白茶原料端源头，必须保证恒定优质的福鼎白茶原料，原料好则茶叶才好，原料真则茶叶真。

为保证福鼎白茶原料的卓越品质，陈起剑每年都要跑遍太姥山、方家山等茶山，追本溯源从源头去找茶，用身体感知海拔，用脚步丈量山头，用舌头感知茶叶滋味，坚持走山串寨遍寻好茶。

拼配是对自然的礼赞，以茶人的能量，赋予茶更多的美好。陈起剑认为，白茶拼配是一项极具个性色彩的技术，需要天赋，需要经验，需要坚持与勤奋。

"所谓天赋，喝得出茶味，觉察得到个中的细微不同，想象得出茶和茶拼到一起后的味道，预料得了几年后茶味将会变成怎样；合格的拼配师，喝得出茶的现在，看得到茶的未来，前世今生了然一心。"陈起剑说。

而经验，除了对不同地区、不同茶山、不同季节、不同年份、不同萎凋方式和萎凋程度的福鼎白茶原料，都要有相应的口感和记忆之外，还要有大量的喝茶及制茶经验，否则即便入了门也难有大成。

2011 年至 2019 年，陈起剑在方家山村度过了 8 年时光，从一名普通的茶叶爱好者，一步一个脚印，拥有自己的"闽春福"茶叶商标，创办的茶叶合作社发展成为白茶界知名的技术性企业。

在春福茶业规范化、标准化的制茶体系下，陈起剑凭着勤奋熟悉了每一个制茶流程，掌握了福鼎白茶各种拼配技术，深得制茶之道，同时，他还形成了自己专属的味觉记忆，对各个年代福鼎白茶的口感、口味熟稔于心。

精湛的制茶技艺和独到的拼配心得，让许多客户，包括北京、上海、郑州、广州等大中城市客商，只认陈起剑这个人，一直延续到春福茶业的今天，陈起剑三个字就是茶厂的一面金字招牌。（雷顺号，2019.10）

春福白茶获奖

浴火而生

"来来来，快尝尝我今年新做的炭焙银针。这次我试着调整了鲜叶萎凋的时间，味道是不是比去年你们来时喝到的更清甜了些？"刚走进方家山"畲仙子"院子，畲族汉子钟金齐就热情地招呼起来。

钟金齐是方家山村的茶农。他说，近几年来，随着白茶产业的不断发展，畲族茶农生活可以说一天比一天好。"茶叶价格上去了，带动了茶农制茶水平提升，而制茶水平的提升又进一步擦亮了我们方家山畲族白茶的品牌，最终惠及的是茶农。有这样一个良性循环，大家的发展信心更足了，真的是'一片茶叶富农家'啊！"

说起畲族，大多数人马上联想到的是凤凰装、唱山歌、畲泡茶等极具特色的民族风情。然而，畲族人聚居的方家山也是出产白茶的福鼎茶山之一，曾因盛产白茶而闻名于世。

"我们畲族曾因茶而兴，茶叶是老祖宗留给我们的宝贵财富，我们不仅要保护好、更要发展好这个产业，这样才能让茶园世代繁荣下去。"钟金齐说。

在方家山，50岁的钟金齐称得上是个经历丰富、见多识广的畲族汉子。12岁，跟随父亲到太姥山林场，当时林场有一个茶叶初制厂，钟金齐就在厂里当起小工。19岁的时候，太姥山瞭望台招工，钟金齐应聘，当了8年的太姥山林场巡逻员。27岁，钟金齐成家立业，决定放弃"日出而作、日落而息"的有"规律"日子，自己创业。当时，天湖茶场被福建省天湖茶业有限公司承

管理荒野茶园

包，大量收购绿茶、红茶，钟金齐觉得机会来了，当起了茶贩子，走村串户收购茶青、毛茶，当起原料供应商。然而，好景不长，2007年春，天湖公司改用自己的基地生产白茶，不收外来原料商提供的毛绿茶，随后几年绿茶市场走低，白茶兴起，他主打的绿茶收购经营陷入困境。钟金齐决定退出茶贩子行当，从头开始，回方家山专心做白茶加工。

2011年初，钟金齐携妻子回到家乡方家山村，安顿下来后即着手创业，用俩人的积蓄和向亲戚朋友借的10多万元钱，搭建起简易房，购置萎凋机、干燥机各一台，赶在春茶开采前开业了。创业初期万事艰难，钟金齐白天忙于收购茶农的鲜叶进行加工，晚上积极向认识及不认识的老板推销干毛茶。他还利用下雨停采的间歇期，带着毛茶样品到福鼎的白茶精制厂，一家一家推销和征求意见。在钟金齐的不懈努力下，他的白茶销路逐步打开，一些厂家也与他建立起了联系。

钟金齐之所以会选择茶行业，得益于他少年时代的经历，当老师问"你们的父母都喝茶吗"？班上几乎所有的人都举起了手，那一刻起，钟金齐认定茶是那么好的一个产品，应该让更多的人去喝它分享它。萌芽状态中的创业，自然而然地选择了茶。

为了熟练掌握福鼎白茶传统手工制茶技艺，钟金齐细心观摩，虚心向方守龙和天湖公司制茶师求教，逐步掌握了传统手工制茶的基本要领。回到方家山后，钟金齐在他的作坊里增加了传统炭焙工艺，这一举措拓宽了白茶销路。

炭焙在白茶传统制作中，是白毫银针这种高等级茶的专属工艺，更是白茶制作工艺的塔尖，以细节烦琐而又难以把控著称。钟金齐说，现在福鼎做传统炭焙工艺的师傅已经不多了，白茶炭焙非常讲究，一不小心就烘坏了茶叶，其细节繁杂，操作难度极大，极为考验茶人的耐心和技艺。茶人需要适时翻动茶使其焙火均匀，用炭火低温慢烤，每次都要耗时2到3小时，而且大多在半夜进行。

钟金齐认为，炭焙更能显现茶的本质，通过炭火的火温，低沸点芳香物质挥发，茶香气更高一些，苦涩感转化为醇厚，还大大去除了白茶的草青味，使得白茶的口感更醇厚，茶更容易保存，还不易返青，具有机器烘焙无法比拟的优点。

"通过学习积累沉淀后，我意识到，产业的发展最终还是要走到质量的路子上。"钟金齐感叹道，巅峰时他的作坊年加工销售的干毛茶达100多吨，但利润微薄，且树立不起自己的品牌。

"要让更多人喝到有品质的方家山白茶。"在不断的摸索中，钟金齐逐渐坚定了这样的信念。2015年，钟金齐注册了"畲仙子"茶叶商标，2017年又成立了福鼎市太姥山畲仙子茶业有限公司。如今，

获奖

他的作坊全部坚持传统炭焙工艺。其精益求精的制茶精神也获得了客户和市场的认可，由他制作的炭焙白茶，往往是茶叶还没采摘下树就早已被订购一空，固定客户遍布郑州、北京、广州、上海、成都、深圳等地。

如今，因其扎实的传统制茶技艺，钟金齐当选方家山畲族生态白茶联合社副理事长，他的茶获得了宁德市茶王赛"白牡丹"茶王、"白毫银针"金奖等10多个奖项，他还多次获邀作为评委参加斗茶赛、"畲族三月三文化节"等茶事活动。

"今后，我要推广'畲仙子'商标，目标就是要以品质立足市场，做出自己的白茶品牌，也给村民们起个示范、带个好头。"钟金齐信心满满地说。
（雷顺号，2019.10）

畲仙子奖状

家的觉醒

清晨的茶叶尖挂着露水，在晨曦中微微闪光。矮矮的茶丛整整齐齐的样子格外讨喜。方家山村茶人钟而谷动作轻盈又麻利地摘下一片片茶叶放进竹筐。平坦的水泥路延伸到村里，门楣上贴着"囍"字……

曾经的方家山村并不是这样。十多年前，钟而谷离开村子出去打工的时候才二十出头。离开时，除了家人，年轻的他对这个村庄没有太多留恋。那时，村里窄窄的道路弯弯绕绕，长着茅草，钟而谷觉得，只有翻山走出去才能有新的生活。如今，他却迫不及待地回来了。

2013 年，钟而谷回老家时，看到家乡的山林无人问津，近乎荒芜，便萌生了回乡创业的念头。和家人商量后，他放弃了天湖茶场的工作，回乡做白茶，开始了创业生涯。

钟而谷当初回乡种茶时，村里很多人并不看好，"虽说方家山历代都有种茶的传统，可村里并没有因为种茶变得富裕。"

为了将荒山改造成茶园，钟而谷虚心向村里的长辈们请教，参照一些茶叶产区的成功管理经验，不断学习摸索。"以前在天湖茶场打工，在制茶师傅的带领下制作红茶，可以三天三夜不睡觉，每月工资只有 280 元，但我从来没有放弃对一款好茶的追求。"天湖茶场，就是当地著名企业福建省天湖茶业有限公司的前身。在天湖茶场打工三年，钟而谷了解了制茶工艺对茶叶品质的重要性，虽然没学到白茶制作技艺。

通过闻香判断萎凋品质

钟而谷在采茶

在茶厂边上养蜂，蜂与茶共生共长

2014年，钟而谷把自家的茶园管理起来，他起早摸黑，顶风冒雨，一双手不知磨破了多少血泡，硬是把荒芜的山地开垦了出来。刚开始，由于人力、资金、技术的缺乏，在茶叶加工上举步维艰。正当无计可施时，钟而谷得知当地政府正计划打造"福建省少数民族经济发展项目之福鼎白茶萎凋机扶贫推广"的消息，他当即向村干部汇报了茶园遇到的困难。在村干部的鼓励和帮助下，钟而谷被列为扶持对象，获得了方守龙研发的"福鼎市白茶山茶叶研究基地"萎凋机，初步学会了白茶萎凋技术。

为了提高茶园的茶叶品质，钟而谷在农技师和老茶农的帮助下，对茶园加强了管理。然后，钟而谷又按照标准化茶园建设，加大投入，补植补种，改良茶种。遇到不懂的地方，他就向专家请教。经过几年的努力，一块荒山在他手里变成了标准示范园。

2016年，钟而谷成立了一家畲谷香茶叶公司，盖起了200平方米的小厂房，专门进行福鼎白茶种植和鲜叶加工。

2017年10月，在郑州茶博会上，钟而谷认识了一个大学教师，"这个老师喝了我的白茶，非常喜欢，表示要帮助我。"钟而谷说。2018年春茶生产期间，这个老师带了家人和三个学生，来到方家山村，跟他同吃同住，一起做茶，体验茶农的生活。回到郑州后，这个老师开了一家茶叶公司，专门经营他的白茶。目前，这个老师计划与钟而谷联手，注册成立白茶专业合作社，扩大种植规模，按市场价或者略高于市场价回收产品，让利于民。

"我有心帮助，但毕竟力量弱小，只有在用工、加工、销售等方面解决他们的困扰，今后还要将茶叶基地管理进一步规范化，大家形成合力，才能真正把茶种好，把产业做大。"钟而谷这样说道。（雷顺号，2019.9）

守护荒茶

茶米种在对面山，清明抽芽叶青青。

茶在青山就去采，水在龙井就去挑。

茶米与水有缘分，清水泡茶甜到心。

喝完一碗一杯凑，人情又结碗中央。

方家山弯弯绕绕的茶山上飘来一首甜美的茶歌。这个小小的畲族村位于太姥山脉西南麓，山间常年云雾缭绕，在霞光掩映的晨晓坐看绿水青山，在暮色西垂的黄昏静听溪水淙淙。它身侧的太姥山山岚葱茏、绿黛如沐，流动的云彩和飞翔的鸥鸟就是采茶人撩开歌喉时最好的伴奏带。孩子们从小就躺在茶山上打滚睡觉，阿娘采下一片一片的茶叶，唱着茶歌，歌声也弯弯绕绕荡过村庄，飘得很远很远……

如此美丽的方家山，安于一隅，朴实的泥土路一踩一个脚印，山上的荒野茶有一种无从收拾的纷芜，更有一种遗世的安静气息，在它的面前，蒲公英也恣意地长恣意地飞，丝毫没有矫饰之情。阿铁（李照铁）就是守护这片荒野的茶人，打从他能够记忆的那时起，这里就长有一片荒野茶，1935 年红军驻扎此地的时候，这片茶园成了"红军茶园"，他的爷爷那时就会做茶，爷爷喜欢这里的土地和茶园，打死都不愿意离开，没有地方能比这儿好。尽管多年后依然无法考证他的爷爷就是红军，但阿铁仍然固执地在这片荒野茶林插上一面红旗，他说，在他的心里，这片茶林就是他

2017年李照铁筹资了100万元，盖上了新房，2019年娶贵州女孩吴冒花为妻，结束了单身生活，心也踏实了

茶园里生火做饭

爷爷的红军茶林，是他爷爷的魂，他要替他一直守护下去。从小看着阿爸做茶，用手动的磨茶机揉茶杀青，经过日光萎凋，再经过东南西北风一刮，说到这儿的时候，他褚红色的脸上堆起笑容，露出一口白牙，不太标准的普通话开始支支吾吾起来，他说，你可不要小瞧了这萎凋，太阳东边起西边落，会刮什么风都是有讲究的，我们家还有个大烟囱……再有的，他不能轻易透露给别人，那是他阿爸传下来的技艺。

从第一片嫩芽的出生到第一枚落叶飘飞，方家山的荒野茶就这样与这片土地一起阅读春的萌动、秋的灿烂，在光阴里不经意地老去。荒野茶，在山沟野岭自然生长，不施肥、不打农药，说来也奇怪，野茶树粗枝大叶，它长出来的新枝叶子却干净丰润，虫子也鲜来光顾，由于没有管理，所以产量极低。阿铁说，他从不收别人家的茶青作为自家品牌的制茶原料，每一次，都是走着山路来回往返两个多小时，将一担一担的茶青从山里挑下来，拿到加工厂加工，能收多少就做多少，要做就做实在茶、良心茶，一年做个20担的茶，他就心满意足了。村里许多人打趣他是"二哈"，恰恰这样的他，是方家山村唯一一个会使用炭焙工艺的茶人。白茶经过几天的往复烘焙，荒野的品质呈现得更加完美，味道干净、淡爽、清甜，没有一丝火气味，并且耐泡。恰恰这样的他，茶叶价格卖出了别人的 3 倍多。人的性情多为天生，我想，阿铁的血液里应该也流淌着荒野的味道，所以在阡陌里行走的他，不管多孤单，都觉得那儿是他的根，是他祖祖辈辈留下的魂。

村西边一块空地上，立着一幢两层楼高的原木色简易屋子，那是阿铁的茶室。推开门，左边摆放着一张方形老杉木桌子，桌上摆着两个茶壶，一个白瓷老提梁茶壶、一个粗陶弯嘴壶，阿铁笑眯眯地领着客人们进屋，他说老茶壶泡出来的荒野茶更加有味道。走进来的时候，一眼就能看见茶室的墙上挂着一个方形玻璃镜框，里面镶着一张 2015 年的旧报纸，凑近便看到《人民日报》上面的一篇报道：山上一片绿，兜里一袋银（福建宁德：好生态能变现）。报道开篇就提到"李照铁"这三个字，阿铁自豪地说，有了政府的关心和好政策，他现在不愁吃不愁穿，心也踏实了，再也不想去外面打工了，他打出来的"阿铁白茶"这个品牌现在也小有名气，制出来的茶饼，人们叫作"铁饼"，销往福建、山西、蒙古、北京还有台湾地区等，还去青岛参加了展销会，可了不得，喝了他的茶的人无不竖起大拇指，现在订单不断，有限的产量根本都不够销售了。阿铁火了，他小小的茶室也迎来送往，没有巧笑嫣然美目盼兮的婉约女子坐一旁泡茶，也没有帘卷花影香熏案头的陈设与雅趣，他茶室的右边做了厨房，楼上则是卧室，他指了指茶室斜对面的一间屋子，说那儿便是他的加工厂了。就这样吃、穿、住凑一块，一碗粗野茶便让无数行色匆匆的过客相逢于山水间，相聚于一斗室，不亦乐乎！

方家山二百多户人家户户都敞开大门，户看户、门对门，以前是为串门的邻居而开，如今是为迎接四方的茶客。守护荒野的阿铁白茶，就是名副其实的佼佼者。后门山上层层叠叠的茶园一年四季泛着绿，取代了所有花朵的颜色，孩子们满山际奔跑，老

李照铁和茶友们

人们在墙根角晒着太阳，冥冥之中，命运似乎早已安排了他们的来处与归所。畲族人能歌善舞好茶好客，李家的表妹、钟家的大姨、雷家的阿舅，不管哪家的亲戚来了，村里就都热闹开了，煮茶、喝茶、唱茶歌，茶歌信手拈来，张口就能唱，委婉悦耳、高亢激昂。细细咀嚼生于斯、长于斯的方家山人，如同咀嚼这里的荒野茶，本质干净，淡爽清甜，不矫情。

　　"妹在深山把茶采，哥托彩云捎信来……"你听，那片荒野上正飘来一首动听的茶歌。（王丽枫，2017.11）

有机坐标

你听说过吗？种茶，用草对付草、虫对付虫的方法来解决除草灭虫的问题。从生物家的角度，这没问题，但雷建明只是一个大山里的茶农，初中毕业，没有多少生物学知识。他的"生物链"种茶法，全靠自己的生活观察。"'生物链'种茶法，只是我灵机一动想到的一个词，为了叙述方便，不考虑是否准确。"

雷建明是土生土长的方家山畲家青年。他当过兵，打过工，在村里做过几年干部。方家山是个畲族村，位于福鼎市太姥山区。和村里各家各户一样，雷建明家里也有几亩老茶园。5年前，他在方守龙的"实验园"里务工，用心学习，积累了一些经验。方守龙是茶技专家，在种茶制茶方面有"秘笈"，在方家山建立生态茶培育、加工生产实验基地，把生态茶的理念带进这个偏远的山村。雷建明掌握了门道，便想着自己另起炉灶。这个计划酝酿了有些日子，综合考虑的结果是，他做出决定：依托自家的20亩老茶园，办一个家庭农场。

"我算是一个新型职业农民吗？"雷建明不好意思地笑笑，看来他乐意拥有这个称谓。农场刚创办时，就两个员工，一个是他，一个是他的妻子。茶园改造，生产管理，采摘加工，全由夫妻俩自个儿打理。"完全按有机茶的标准，不施化肥农药。产量当然会低一些，不过卖价好。"雷建明说。

有机好办，农家肥就地取材，不愁没有。不施农药，茶园杂草疯长茶树发生病虫害怎么办？"在茶园套种鸡血草、过地蜈蚣、地葱，它们既可以遏制杂草，同时还可以改良土壤，保护土壤的有机成分。特别是鸡血草，有特别的香味，对茶叶有熏陶作用。茶虫，与毛毛虫一个样的那种，危害最大，结串祸害茶树茶叶，一定要灭除，灭除的办法靠手抓。另外的虫，鸟爱吃，沟子、龟子也爱吃，就让它们来解决。"一些野生生物，雷建明叫得出它的学名，比如过地蜈蚣，学名叫金毛茸草，另外的，他只知道俗称，比如他特意引到茶园里来的沟子、龟子，他形容了这些昆虫的样子，我还是听得云里雾里。

有机茶园里的茶树宛若训练有素的队列，先天生长，后天调教。如同生命的基本需求，拥有好胃口的同时，也需要五谷杂粮这样丰富的食物。人如此，茶树亦如此。雷建明犹如对家人一般，细心照料茶树。他会在茶树底下种一些大豆、紫云英，这样基本上可以做到整个生物链平衡，不用化学投入品。在茶树旁边也会种一些其他树，这样是为了培养茶树自己的竞争力，让它很接近野生的环境。经过几年的管理，这里的茶树长得更好。

要说雷建明还真是个有心人。草能制草，虫能制虫，他不是从书里看来的，而是从生活中观察到的。"平时看到有鸡血草、地葱、过地蜈蚣的地方，就不长杂草。看到沟子、龟子出没的地方，就不长其他虫。"这平常的细致观察获得的经验，居然就用到实处上了。说到这儿，憨厚的雷建明似乎有些小得意，呵呵地笑了起来。"村里做茶的人都明白，方家山的茶，别的方面不和别人拼，就拼生态。"生态的第一个环节是茶树、茶青，接下来的环节就是加工。雷建明很详细地向我介绍了生态白茶的加工过程，我外行，弄不清其中的细节，只一个印象，整个过程很讲究天然、时机、火候、均匀。

茶好，还要会包装，还要有文化味。雷建明给自己的茶叶产品设计了一个"凤"系列，白毫银针叫凤仙，白牡丹中春茶叫凤兰、夏茶叫凤梨、秋茶叫凤菊、白露茶叫凤梅、冬茶叫凤雪。畲族以凤凰为图腾，吉祥高贵，仙气超凡，命名白茶中的珍品银针最恰当，兰梨梅菊雪是四季代表，为人们所熟知，却又与茶，以清雅隽永为气质的福鼎白茶相称。

为了不断提高自身的制茶技术与理论知识，2018年6月，雷建明参加了中华全国供销总社杭州茶叶研究院举办的"机械制茶师"培训班脱产学习，之后又参加了"高级评茶员"和"高级茶艺师"培训，成功拿到了国家三级资格证书。此外，他还前往武夷山学习，观看了武夷岩茶的制作过程，并努力向着国家一级评茶技师的方向迈进。

四排：杨国军 傃国瑞 韩诗冰 周来勤 周云生 刘昌林 余磊 陈庆洋 蒋炜达 袁光德 熊代强 刘志权 程龙富
三排：范起业 许旭日 陶廷超 夏学坤 姚元康 杨旭 雷建明 王强 姜涛 戴照来 王雅玲 胡锦珊
二排：鲁晓卉 常美苗 方敏 何维 樊葳嵬 孔晓澄 王嘉樾 冷建国 简恩国 汪国祥 杨潇清 李林峰 邱本熠 叶浩 王家鹏 李文革 苏鸿
一排：周仁桂 陈蒂赀 唐小林 王岳梁 罗列万 尹祎 郑国建 杨秀芳 裴财初 汤一

爱茶爱学习

2017 年，建明家庭农场生产的白茶系列产品随联合社组团初次到郑州参展，获得好评。2018 年，建明家庭农场被评为"生态白茶种植示范户"。2019 年参加"白茶故里"文化节，雷建明的白茶在方家山生态白茶联合社举办的斗茶赛中取得"人气奖第一名"的好成绩，他也获得方家山"最美十大茶人"的荣誉称号。

阳光，雨露，空气，土壤，人与自然的合作，打造出循环的生物链，这样出产的茶更为安全，也更为舒适。田野中，是人和茶的约定，对自然多一份尊重，自然便回馈多一份平等。成就一味好茶，是土地的选择，也是田野的造化。

雷建明说，有机化、生态化的茶园管理，也是当下及未来茶园管理的方向。

敦实憨厚的雷建明，似乎也有了清雅隽永的茶味。（钟而赞，2019.5）

领奖

庄子"说茗"

唐光启元年（885 年），庄森公随王潮、王审知（闽王）入闽，明代其后裔于太姥山种茶为业，祖上自成一派古法制茶，传承至今，庄子第七十七世孙庄世波遂开启"说茗"号，以茶庄方式传播十余载，茶里融入祖先乃至庄子道法自然的智慧，传递世人，坚守传统，谨慎创新。

2003 年庄世波考入河北金融学院，他走出大山，走出父母和祖辈赖以生活的茶山，告别故乡，告别了眼里只懂种茶晒茶的慈爱父母。每每茶会结束，聆听完他的茶学演讲，很多朋友都会忍不住问起，为何当初没有和其他同学一样去银行上班？当年父母认为，弄茶是农民干的活，很辛苦，希望他考一个好大学，落脚大城市，当个白领，或许才是更好的生活。峰回路转，情系家乡，回馈桑梓的他从来不会说要把家里的茶园茶厂"发扬光大"的话，他总是带着学生气的质朴直觉：他的未来一定和茶分不开。

2006 年，他在河北石家庄开设连锁茶铺"说茗"，茶铺一直有一个卖点，是他最真实的情缘：让更多的朋友尝尝父母种的茶、父母晒的茶，尝尝故乡的白茶。他深知单单这份情就已经让他的一生和茶分不开了。几年下来几处开设的茶庄集结了各行各业的朋友，让这个城市因一杯白茶而传递着正能量的温度。这大概就是庄世波的初心吧。

庄子曰，以神遇而不以自视。最好的相遇是神遇，从夫妻峰到夫妻店，两个说茗茶业的创始人，庄世波及妻子张惠蓉，携手共进。两个人，一个是庄子后裔，秉承庄子顺物自然做茶的古法，出自白茶世家，是高级制茶师、高级评茶师，敬畏喜爱老手艺的他也是"锔瓷"的第六代非遗传承人，修补破碎的瓷器带来"修复生命，宽容缺憾"的人生体会；一个是学院派，茶学专业毕业，熟习专业学术及茶道美学，在接待过国家领导人的福建海峡两岸合作交流会上做过茶艺表演，有15年的茶庄经营经验，立志一生事茶，传播美好的茶生活方式，在茶的修行里涵容接纳世间事，敬畏自然，保持本心，温暖有爱。

前十年"说茗"有好茶，现在开始好茶要"说茗"。

2016年，新茶厂选址的问题让庄世波颇费了一番脑筋。在经历了一番考察后，他最终确定，茶厂就开在方家山村，这里茶叶资源丰富，山清水秀环境好，方家山独有的通透性好的沙砾壤让茶叶的品质和口感绝佳。

2017年，庄世波注册成立"福鼎市说茗茶业有限公司"，通过了SC认证，并取得"福鼎白茶"地理商标授权。在他看来，这是梦想启航的时刻。以庄子文化中的顺应天时、顺物自然，优选太姥山方家山高山茶，只做头春。晒茶不落地，自然晾晒，融入庄氏家族独有的养茶工艺，在太阳底下晒至手背触青有微热感，观风向，再移到恒温恒湿的室内"养茶"，等一定的时间再把茶推出去晒，把高山白茶自带的兰花香留住，让茶里充分表现方家山90%是森林10%是茶园的山场味，历经25天，方能成茶定韵。

研究产品质量

展示新产品

创业路上的夫妻

庄子的态度是逍遥游，说茗的态度以为，喝茶首先是滋养身体，再升华灵魂，人不是一定要喝茶的，如果喝不到健康的好茶不如喝开水，所以，每一批上市的说茗茶都有合格的质检报告。白茶的特性是靠茶叶当中酶的活性转化的，只有保证了质量安全、传统工艺、高山生态、技术仓储才能有效地保留酶的活性，茶才能越陈越香，具备收藏价值。

打开庄世波的微信朋友圈，很少刷硬广告，完全凭借自己的兴趣爱好、心情进行真实的互动。所有的图片、文字都围绕"好白茶，说茗白"来开展，从产品的核心卖点、功能、饮用方法、历史、茶的原料追溯等方面进行全方位的展示。对茶而言，一泡好白茶，更是离不开原料的优良。首先是产地的地域限制，该地的气候、地理环境对茶叶原料的基本面构成绝对的影响；其次，高山的环境决定了茶叶会远离污染源。比如方家山海拔 500—700 米，就是白茶黄金产区。

茶叶在饮用的过程中，因为要涉及冲泡等繁复的过程，中国的茶叶消费在大众人群中并不像在英国、土耳其等国家那样普及。除了产品自身的特性外，这也与中国茶叶企业很少关心消费者的服务体验不无关系。

庄世波瞄准了这样的市场盲点。他说："我们一开始就在构想怎么样才能让福鼎白茶储存更方便、冲泡更方便、携带更方便。"于是，围绕庄子内篇和庄氏家族传承，融入先祖乃至庄子道法自然的智慧的"逍遥游、应帝王、养生主、庄千诗"等"说茗"系列产品应运产生。"说茗"系列茶采用古法包装，说茗的茶多使用松压工艺，用手工棉纸将每一泡包成扁四方，一包一泡，一泡就松开，或包装成手掰茶饼，片片留香不用撬，让不好外出携带的支棱的白茶，进入了随时随地分享的生活方式中。

功夫不负追梦人，庄世波的"说茗"白茶在各类评比中连连获奖。2019 年农历三月初三，说茗茶业白毫银针荣获 2019 年首届白茶故里·方家山斗茶赛金奖茶王。500 克白毫银针在慈善拍

荣获"茶王"

卖会中以 2.8 万元的价格被上海客商拍得，庄世波将所得善款全部捐给方家山慈善促进会。

"下一步我们打算做大做强方家山白茶，通过方家山畲族生态白茶联合社平台，实现从茶叶鲜叶质量的源头把控，提高茶叶品质，拓宽销售渠道。"庄世波表示，通过这样的方式拓展茶产业链，重点发展乡村旅游项目，扩大茶园种植的规模，带动更多的村民走上致富路。

生命中真正的乐趣，是当你沉潜于某一事物中的完全忘我。庄世波说，制茶的时候一定是全神贯注的，是完全隔离了周遭世界的，周围静也好、闹也好，似乎一切都无关，在自己的世界，目光所至之处只有眼前的茶，这个世界很小，小到甚至容不下自己的一丝分神，但这个世界又无比广阔，这些能量充斥着整个世界，联结着喝好白茶的你我他，一种最享受的境界。

他的两个世界，一个是茶铺里容纳热热闹闹的亲朋好友茶客过客的大观园，一个是茶山里制茶时候的独特世界，在制茶世界里，他常常废寝忘食，一边是忘我，但又切实给了自己最真实的满足和享受，大概古今匠人都有过类似的体会吧。

其实制茶更像一种"成全"，成全人对物的不舍，对情的不舍，对缘的不舍。庄世波说到这番话时，不好意思地加了一句：听起来可矫情了是吧？其实在这些话里，我听到了两个字：操守。（雷顺号，2019.10）

缘起干净

清澈的水汨汨倒入瓷杯中，裹挟着翠绿的茶叶反复打着转儿，茶叶在沸水中舒展、旋转、徐徐下沉，忽而又浮起，再沉再浮，芽影水光，交相辉映。在福鼎山农茶业公司董事长林胜弟的手中，茶叶仿佛跳舞的少女，施施然散发着自己的魅力，引得爱茶人沉迷其中无法自拔。"对我来说，做好这一杯干净的茶就是最重要的事情。"清雅的茶香里这位茶叶匠人的故事慢慢铺陈开来。

十年前，林胜弟也想不到自己会变成一个茶痴，扑在简简单单的一杯茶上一干好多年。在林胜弟看来，创业这个词和人生一样，有的热火朝天，也有的山长水远，放眼望去千奇百怪；有热闹非凡的时候，也有反复重构的挣扎，细细品来，却是信念二字，纵贯每一个瞬间。林胜弟说，走在这条路上的每个人其实都一样，骨子里只想简简单单的，把一件事做到极致。

缘起，一份真心实意的想念。

寄托在一杯茶中的纯净心思，是山农白茶与众不同的灵魂基因。

十余年前，福鼎的茶叶市场刚刚兴起，茶叶附加值低，缺乏品牌效益，带来的经济收益也不甚乐观。那时的林胜弟搞长途运输，经营着福鼎至佛山、福鼎至重庆的大巴车队，他的大巴车往返途中也经常捎带福鼎白茶，也因此更了解当时茶叶市场所需所求。

几年前，他注意到自家的茶园：秀丽山川、缭绕云雾、清新空气……极佳的自然环境一下子就击中了林胜弟的心。"方家山植茶历史悠久，土质疏松肥沃，昼夜温差大，是种植高山优质白茶的极佳地域，我一看就心动了。"他毅然决定辞掉车队安逸的工作，成立了福鼎山农茶业有限公司，将自己全身心地投入到高山白茶开发中，做一杯干净的白茶……林胜弟迈开步伐，一步一步、稳扎稳打地往前走，渐渐打开了市场的大门。

于是，林胜弟注册并打出了"荒木香""太姥嘉木"的名号，以方家山自家的 30 亩高山茶叶基地优质原料为依托，经过不落地的"全程清洁化加工"连续化生产线加工，茶以上佳品质很快在市场上获得了消费者的认可。

好茶难求，干净的好茶更难求，更别提身在他乡想念的那一缕纯净香味了。"当时我一个北京的茶馆客户跟我说：'你们福鼎的白毫银针，在历史上还是特供英国女王的，……你要做点干净的好茶。我们以后桌上的这杯茶就再也不用操心了。'"林胜弟由此开始想要做一杯简简单单的好茶。

"对我来说，消费者对山农白茶品质的认可让我很高兴，而在这之外更重要的是，我的茶是否还能做得更好、更干净？"林胜弟摊开手，宽厚的手掌上满是斑斑痕迹。为此，林胜弟一方面奔波于各大城市学习考察茶叶制作技艺和发展方向，另一方面则搭乘方家山畲寨生态白茶联合社的东风，参加北京、郑州等茶博会，积极寻找、开拓新兴茶叶市场。经过市场调查，他终于将目光停

驻在了高山白茶的中高端市场。"只要品质好，所有的问题都会迎刃而解。"为了保证高山茶的品质，林胜弟始终坚持从源头把控质量，采摘、萎凋、干燥等操作技艺他都亲自上手，力争打好样本，为消费者提供稳定的货源。"现在山农白茶已经跟北京一家茶馆对接好了，以北京这家茶馆为突破口，高消费城市的市场会慢慢打开。"

百尺竿头更进一步，对林胜弟而言，将手中的这杯茶做得更好更优质永远都是走下一步路的第一选择。"用心做好一杯干净的白茶，我才能放下心来去寻找更多的可能性，这是我的使命也是我的毕生追求。"

深夜，站在这 600 米之上的寂静山头仰望天空，回想这一路所有的遇见，林胜弟默默许下心愿：无论是对一杯好茶的记忆，还是种茶人的美好情怀，只要是饱含真诚，就让它们镌刻到基因里流传吧！（雷顺号，2019.10）

畲山茗韵

福鼎市太姥山白茶故里方家山，位于太姥西南麓，海拔高达 600 米，雨量充沛，水、光、热资源充足，是种植白茶的绝佳场所，地理区位更是得天独厚。独有的生态环境与特有的畲族制茶工艺相结合，使此地的白茶独树一帜。

福鼎市畲山茗韵茶业有限公司就坐落于此，是一家集茶叶种植、生产、销售、传播茶文化为一体的专业畲乡茶企，公司创始人就是蓝锋。

说起蓝锋，太姥山孔坪虎暗村的村民无不感念他对家乡做出的贡献。

太姥山孔坪虎暗村是一个畲族自然村，地处偏僻，四面环山，通往镇上的山路蜿蜒曲折，很不便利。在这里，村民世代以茶叶为生，蓝锋正是这里土生土长的村娃子。只是他比同龄人幸运的是，他在少年时期搬到镇里居住并接受教育，凭借自己的努力习得一门技艺，为自己和家人挣得一

观察茶树生长规律

份家业。

2012 年，他看好福鼎白茶市场，借助太姥山白茶故里方家山村天然的地理位置和畲家世代传承的制茶技艺，决定建厂制茶。创业之初，几度艰难，但蓝锋始终相信自己的眼光和决定。果然，很快地，福鼎白茶产业蓬勃发展，知名度蒸蒸日上，政府的利好政策，也使得畲山茗韵度过了几年艰难的创业时期。而这次，他用"干一行爱一行"、从不轻言放弃的精神为自己挣得一份事业。之后，他又通过与农民合作，建立茶园基地，畲山茗韵现已在广州、郑州、石家庄等全国各大中城市均有代理经销商。

他总说：做人贵在实在，做生意亦然；尤其是我们畲家人，制茶如待人，以真以诚以礼。他始终秉承"回归自然态，追求茶本真"的经营理念，在建设中不断鞭策进步，制良心茶，不弄虚作假，对品质保持绝不妥协的态度，以最好的产品，专业的销售和技术团队，回馈爱茶的朋友。

多年来，蓝峰就是靠着他实在的经商之道，精益求精的制茶技艺，亦步亦趋，持之以恒，渐渐打开了茶叶的销路。

畲山茗韵荒野茶园

　　制茶归心，不忘祖恩。作为一名实干企业家，他也不忘自己的家乡，多次主动捐款，并带头组织村里集资用于修山路、建宗祠，为家乡村民带来诸多便利。对于村里无人照管的孤寡老人，他也时常挂念，出资帮扶。

　　畲山茶，斟茗韵。方家山作为福鼎白茶重要产区之一，也是太姥山境内的一个畲族聚居地，全村有茶园面积 4000 多亩，生态环境优美，森林覆盖率 90% 以上，平均海拔 600 米以上，土壤肥沃，以黄土壤、沙土壤为主，无工业污染源，雨量充沛，夏无酷暑，冬无严寒，独有的小气候，非常适合茶叶生长。蓝峰的福鼎市畲山茗韵茶叶有限公司就坐落于方家山村，拥有近百亩的茶园基地，茶园内满山遍野的一抹抹绿，充满生机；村内，畲风独具，那房前屋后的一缕缕香，令人心旷神怡。

　　茶归自然，初心不忘。畲族是一个勤劳且勇于开拓的民族，大多居住在适宜茶树生长的深山，他们迁徙到哪里，就种茶到哪里，在漫长的栽种、采茶、制茶、饮茶过程中，逐渐形成和积淀了独具特色的畲族茶文化。

　　畲家人一生都离不开茶。婴儿出生，要把茶叶、菖蒲、艾草混在大锅里煮，用热汤为孩子洗浴；男孩第一次理发，要用茶汤洗头；阿妹出嫁，要带一包压箱底的白茶；阿妹阿哥结婚行拜堂礼，堂前案几下要备一个炭盆，盆里有茶有米有盐；老人过世，枕头下垫一个包，包里放茶和米……创始人蓝锋更是从小被熏陶，与茶叶结下不解之情，跟随祖辈学习种茶和制茶的经验。

　　畲家人制茶，遵循自然规律，日出采茶，日落而息，避开正午。茶青采回，置于竹扁摊晒也作日光萎凋，在日光萎凋期间，避开正午的阳光暴晒，经此自然工艺制出的白茶，滋味天然，既不破坏酶的活性，又不促进氧化作用，且保持毫香显现，汤味鲜爽，原汁原味。

　　蓝锋遵循祖辈制茶古法，将畲家制茶技艺延续下去，专研茶之道，传承民族精神，弘扬祖辈勤劳、善良、好客之家风，树榜样立身。"大山养育了我，我将回馈大山，不忘初心，回归自然。让更多好茶之人能够品尝到畲家白茶之韵味，感受畲家人的朴实、谦逊、好客之祖德。"

　　为了进一步提升方家山的茶叶品质，从源头把好安全质量关，实现全村茶园向有机生态茶园建设，杜绝农残，杜绝滥用化肥和除草剂，由方家山村委会牵头，在方家山行政村境内的 17 家企业组成了一个茶叶专业合作联盟组织——福鼎市方家山畲寨生态白茶合作联社，把方家山所有白茶企业、茶农联合捆绑，计划在 3 年内，实现一个真正的生态白茶第一村，产出生态产品，让更多的茶客喝上安全的茶品。（凤凰，2019.11）

茶香酒溢

春节过后，浩浩荡荡的返城务工大军又出发了。

月是故乡明，情是故乡浓。在车站，在机场，外出务工者每当与亲人洒泪挥别时，来自亲人的一声声叮咛总会深深触动他们心中最柔软的部分。而在方家山村，有愈来愈多的务工者"逆流而动"，在"热爱家乡推介白茶"的浪潮中逐浪而行，把梦想写在故乡的热土上。

2019年"三月三"方家山歌会正在进行中，全村热闹非凡。一大早，钟昌朝就来到村里的畲家米酒店。

这一天，钟昌朝研制的古畲家米酒就要发往温州，他要提前将米酒装箱。"我们和温州一家酒业公司合作，不仅推广米酒，也推广白茶。"钟昌朝认真地说。

钟昌朝是方家山村人，曾在天湖茶场工作。白茶在他眼中是家乡的一个文化符号。

2016年，带着对家人的牵挂，钟昌朝从天湖茶场返回家乡。钟昌朝没想到，十几年前自己决心离开的村庄，如今完全变了样。整齐的茶园包围着村庄，仿佛绿色的壁垒将贫困隔绝在外。"以前去趟镇里，要翻几座山，走路到镇上要两个小时。现在路修好了，坐个车，十五分钟就到了。村里的孩子去镇上上幼儿园方便多了。"钟昌朝说。

当年离开家乡下了一番决心，如今却迫不及待想回到家乡。钟昌朝回家不久，就在村里开始了新的事业，开了一家畲族传统

畲醇香米酒

配方米酒小作坊。

创业路上多艰辛。为了选出最好的做酒原料，钟昌朝跑遍福鼎等地大大小小的乡村，寻找适合酿造畲族米酒的传统食材。在米酒发酵期间，为了确定发酵的温度，钟昌朝每隔两个小时就需要查看一次发酵情况。有一次发酵失败，眼瞅着两吨的原料废弃，钟昌朝心疼得差点掉泪。

茶酒不分家

功夫不负有心人。到 2017 年，钟昌朝成功开发了畲醇香酒等新的畲家米酒品种，使米酒的口感更符合现代人的品饮需求。

在做酒的同时，钟昌朝还有着以白茶创业的想法。2016 年，方家山畲寨生态白茶合作联社的成立让他眼前一亮。2017 年，钟昌朝在妻子蓝美云的支持下，以法人的身份成立了方家山金域茶业有限公司，成为最早在村里做酒又做茶的第一人。

采茶忙

"现在家乡变美了，我也有了创业的念头。"钟昌朝说。

为了把白茶做好做优，钟昌朝从头学起，到处拜老师、访师傅，从茶叶栽培、生长环境、采摘技术、加工工艺到茶叶品尝、鉴定知识等，一样一样学。不久，钟昌朝在茶叶方面成了"土专家"，跟他家的米酒一样，并渐渐做出了名。

在离钟昌朝家不远处，刚采摘不久的秋茶正在自家的萎凋房里进行脱水、干燥，萎凋槽上的茶叶还带着温度，散发着浓郁的茶香……（雷顺号，2019.10）

半夜做茶

方家山位于太姥山山脉的丛峰中。春夜，除了清静还是清静，潜入夜色的方家山茶山，渐渐暗下来。星光闪烁，夜的魅力显出，山的俊逸展现，整个茶山活了；若漆黑一片，则茶山静寂的如深山古寺。

偶有冷冷清风，划过茶山的角角落落，为茶山平添几分清灵。独立窗前，借着屋里的灯光，读着窗外的夜色，聆听风的脚步。心中莫名地升出一些担忧：院子里，银杏树上鸟巢里的麻雀是否安睡？

比邻而居的茶农点亮了大厅的灯，忙碌了一天的好几十位茶农守着电视机，吃着土产零食，喝着明前新茶，享受难得的安宁。

虽是早春三月，由于海拔较高的缘故，屋外有些清冷，但屋内红红的炭火依然噼啪作响，抵抗着夜的清凉。几位畲族歌手高声演绎着茶山、茶妹的风光。突然，雨滴轻拍着窗上的玻璃，瞬间又变成一幕小水帘，仿佛是生命的溪流。

然而，家住村头的钟伯母最近有点摸不着头脑，春茶开始后，每天夜里，对面家那只黑色的土狗就会叫个不停，一连大半个月都是这样，这有点影响到她老人家的睡眠。今天夜里她决定趴在窗户上一看究竟，所以晚饭后她早早便上床休息了。时针滴答滴答，一转眼已经凌晨一点钟了，果不其然，远处又传来了沙沙沙的脚步身，紧接着对面家的黑狗又开始叫起来。钟伯母立马起身打开窗户。村里的路灯一般到凌晨 1 点钟就会自动熄灭。窗外黑漆漆的，只见远处有个打着手电筒的身影朝这边走来，手电筒的光越来越近，钟伯母揉了揉蒙眬的睡眼，终于看清楚了，原来是侄儿钟灵通去自家的白茶作坊查看制作中的白茶，惊动了黑狗，所以黑狗才会叫个不停。

每年茶季开始之后，畲族小伙钟灵通夜夜都会往返于家里跟白茶作坊好几次，作为一个制茶的手艺人。因为品质是他一直所追求的，所以他知道在白茶的一道道工艺中，每道工艺都缺一不可，不得马虎。他的妻子时常都会调侃他道："你对茶叶比对自己的孩子还要用心。"方家山的春天还是有点冷，他总是能坚持一晚起来好几次去作坊里面看看今天的茶青萎凋的怎么样了。稍微觉得有点不对劲立马就会抓一泡半成品试喝，再根据具体情况对工艺细节进行调整。

家和万事兴

在白茶的最后一道工艺"干燥"上，钟灵通所采用的方法是最传统的制作工艺"炭焙"。白茶炭焙非常讲究，一不小心就烘坏了茶叶，炭焙工艺更是堪称绝活，应遵循"宁轻勿重""细火慢炖""费时费工"，确保传统制茶技艺与现代制茶理念相结合。

在炭焙这个工艺环节，钟灵通常常通宵达旦工作，等到成品出来了，他又迫不及待地拿着茶样到处找人试

审评毛茶

喝。伯父、父亲、表哥、乡里乡亲……迫不及待地想要从他们口中得出关于这款茶的评价。他喜欢被人认可，被人认可所带来的那种喜悦。

钟灵通的父亲与伯父守护着钟爷爷留下的 28 亩老树白茶园。对于钟家人来讲，这是一片位于后门垄的宝藏，他们坚持对茶园野放管理，守拙求真，让茶树吃阳光、雨露与大地给予的能量。除了采摘之外，不对茶树进行太多人为的干涉。开茶节过后，钟灵通母亲与钟伯母每天天微亮就开始到茶园采茶，由于后门垄的老宅被台风吹毁，在政策的扶持下钟家人都已经搬到外洋生活，走路到后门垄茶园大概需要 30 分钟，为了节省时间，午饭基本都是他父亲煮了面条或米粉送去给她们吃。有时茶叶采不过来，也会叫两位姑姑、姑丈回来帮忙，这场景像极了小时候稻谷丰收的时刻，虽然现在村里很少有乡亲种植稻谷了，但邻里乡亲、亲戚朋友互相帮忙收割自己稻田的喜悦与幸福还历历在目。

钟家人爱茶，世代生活在方家山的钟家人虽然头顶着烈日酷暑，身负着养家糊口的重担，但当那一口茶汤浸入喉咙之后，一切都是那么实实在在。不追求大丰收，只愿够用就好。

采访结束时，我问他为何如此执着。他微笑着说：我们每个人，都在追求自我。追求梦想。有的人始终在坚持。而有的人因为头破血流而放弃。成功不是跟别人相比，而是让我们成为最好的自己，所以我们要为它付出全部的热情，哪怕荆棘丛生也在所不惜。"为了生活，更为了让更多人喝到我爷爷留下来的茶园里的茶。"

几番纷乱的清洗，雨声渐停，风也停了，夜更显得宁静了。茶山累了需要休整，茶农疲了需要安睡，来日的茶山又将活力满满。在这样的夜里，有好梦相拥是一件多么惬意的事。收藏起夜的思绪，酣然而眠。（雷顺号，2019.9）

乡里乡亲

"吃了早饭我出门，三老四少进茶林，太阳火辣也要去，多少汗水擦不及，种了茶叶要整理，不来管理茶不成……"

山歌响坡头，茶叶芽儿绿。初秋的一天早晨，钟而烟登上方家山孔兰山岗，在灿烂的骄阳下，嫩绿的茶叶在微风中摇曳生长，茶苗旁，村民们一边唱着种茶歌，一边手脚麻利地劳作除草，伴随着蝉叫鸟鸣，连绵的山坡显得格外热闹。

钟而烟出生于方家山村樟家垮孔兰自然村，这里山大沟深，条件艰苦。由于家境贫寒，钟而烟小时候经常穿梭于村里各个山岗，放牛打柴，割草喂猪，种地瓜养家。后来，他跟随一个隔壁的钢铁建材老板远赴广东，下钢铁冶炼车间做钢材。

在钢材厂打工的那段时间，钟而烟先从杂活干起，一步一个脚印，从冶炼工干到管理工，后来又当了领班，每个流程都经过历练。

"外面千好万好，不如自己家乡好。"2016年底，钟而烟告别10多年的打工生涯，带着经验和资金回到了家乡。有人建议他去城里开店，被他婉拒了。

钟而烟说："开店是很挣钱，但是只能解决我一家人的经济问题，不能带领乡亲们脱贫致富，我自小的愿望不能实现。"心系家乡的钟而烟谋划把家乡良好的生态环境利用起来进行创业致富。这位80后畲族小伙子对方家山情有独钟。

再回方家山，是那么的熟悉和亲切，想起小时候放牛打柴的艰辛，看到乡亲们守住青山，仍然过着清苦日子，钟而烟心里有了更大的决定——二次创业，带领父老乡亲改变贫困面貌，一起发家致富。

2017年1月，钟而烟成立了樟家塆白茶公司，一家集茶叶种植、加工、销售、土地复垦、养殖为一体的生态循环小企业。

从茶苗种植到茶叶采摘，从制茶工艺到品茶技艺，钟而烟都始终脚踏实地，悉心钻研，为打造出一杯好茶的独特韵味而不断努力。他认为除了要把茶做好做精外，还是要专注于制茶工艺的研究。钟而烟说："方家山由于地理环境、气候等原因，能种植出好茶叶。如何让这好茶叶在制茶人手上得到更好的精益求精的效果，关键就在于制茶工艺的好坏。"为此，他不断学习茶叶知识，研究制茶工艺，在探寻研究茶叶的道路上从未止步。

钟而烟因地制宜，根据海拔及湿度，着重向打造绿色有机茶叶方向发展，采用物理防虫和生物链防虫，不使用化肥，确保茶叶零农药残留，确保茶叶品质优良。每次茶园除草工作，钟而烟采用纯人工除草的方式进行，以此保证茶叶的有机品质。

昔日的荒山，变成了"金山"。3年来，钟而烟先后投资20多万元，将自家荒山荒坡20余亩，建成了荒野茶园。如今，满山遍野的绿茶、白茶长势正旺，曾经撂荒多年的土地不仅得到了有效利用，当地村民也因茶业种植而受益。"这些茶叶一般三月底

茶园人工除草

四月初开始采摘，采摘时间会持续一个月。""我们主要是凭着优良品质和绿色健康的茶叶，通过老客户介绍和微信销售，一传十、十传百。现在每天都有咨询和下订单的客户，一年的茶叶收成还是很可观的。"

傍晚时分，踩着新建的孔兰水泥路，登上方家山巅，举目远眺，林海翻卷，一片片、一行行、一簇簇茶树，尽收眼底。夕阳西下，点点阳光洒落下来，构成一幅山水画卷。

虽然前路漫漫，但钟而烟对未来充满信心。"我是农民出身，深知农民的疾苦。"钟而烟说，"虽然我的公司走上轨道了，但为了茶园，为了乡亲，我愿意为此奔波，实现我的人生价值。"（雷顺号，2019.10）

"老汉"新芽

在方家山村，有一位土生土长的农民，他和妻子守着一座茶山，5000多个日日夜夜只为了做好一件事——制茶。

他守的不仅是一座茶山，更多的是对创业的一份坚持。

在绿雪芽白茶庄园茶海后山的一处山包上，有一片绿油油的茶园，犹如一幅青翠的风情画点缀在山坡上，格外引人注目。这片茶园的主人就是钟而当。

15年前，全国茶市开始走下坡路，到2004年的时候，白茶一斤最贵不会超过20元，茶农们纷纷改行，只有钟而当还傻傻地苦守着这20亩茶园。

钟而当介绍："当时生产绿茶、红茶，都是走批发和代工路线，我看到农民收益很低，心里面很急，但我发现隔壁的绿雪芽开始改做白茶，也开始学起来。"

2012年，钟而当成立了方家山畲老汉茶业专业茶合作社，一边种田一边制茶，二者互不影响。

2014年，福鼎市民宗局等部门通过对白茶创业项目进行摸底调查，多次深入钟而当的茶园了解其经营现状和存在的困难，通过多种途径进行帮扶，并将其纳入"福建省少数民族经济发展"扶持项目，赠送了方守龙研发的白茶山白茶萎凋机与萎凋技术。

钟而当说："我最大的财富是通过几十年的努力，创造了一个'畲老汉'品牌。每当看到这片绿色，这绿油油的茶山，我心里就好像觉得自己充满了前进的力量，它支撑着我在白茶事业上不断创新。"

如今，钟而当已经鬓发添霜，但他就像满山的茶树一样，不管经历多少风雨都要顽强地吐出新芽。他从茶树的选择到叶芽的采摘，从日光萎凋、摊凉、干燥到精选包装，每一个制茶流程，他都一点一点摸索，并总结经验。

茶园管理，是一件苦差事，但也最能体现一位茶农的真功夫。与大多数茶农一样，钟而当与妻子创业之初，艰辛异常，下午来茶园锄草，干完活体力消耗大，但是晚上回去吃什么，很多人可能不会想到，他们就着豆腐乳吃稀饭，这一顿吃完，再过三天，大米在哪里都不知道。

与钟而当共同创业的妻子说："当时确实是太困难，家里没米，吃的也是很简单，拿饼干当点心，一斤饼干2块钱，要分成好几份，带到山里吃。太艰苦了，别人没办法理解这其中的辛酸，每说到这段往事，我的眼泪都快要流下来。"

人生几何，对茶当歌。现在，钟而当最幸福的就是沏上一泡自己制作的"畲老汉"白茶，它蕴含着自己的酸甜苦辣和对妻子不离不弃、相濡以沫的感激，这茶汤色杏黄，滋味醇厚，回甘持久，端起杯来慢慢品啜，一股似酸非酸、似甜非甜的独特味道沁人心脾。

品啜

　　回想起创业经历，钟而当说："因为我爱这一行，多年来，我以自己的实践、劳动加上专业知识，取得了一定的成绩，现在我有幸担任方家山畲寨生态白茶合作联社副理事长。合作联社为我们村茶农创业者搭建了一个互相交流学习的平台，为我在制茶技艺方面进一步深耕细作创造了很好的条件。"

　　"有人赞赏南国花冠似火的木棉，有人称颂北疆伟岸高大挺拔的白杨，由于我学习茶叶这个专业的缘故，我特别喜爱这四季常青、朴实无华的茶树。"钟而当望着漫山的绿幽幽的茶树，发出由衷的感叹。

　　一个人，一座山，一辈子，一杯茶。钟而当坚守"守正笃实，久久为功"的平和心态，让畲族传统白茶制作工艺创造出"畲老汉"之"新芽"，令人回味，余香悠长。（雷顺号，2019.9）

广韵茶路

我的理想很小，就是活成一片树叶，不在乎人世水火的历练，在人生的岁月里，在拼搏的时代中，许你一个健康的体魄、许你一方安宁的心境。

2008年，我与合伙人办起了广东潮州凤凰单枞厂，2011年还到安溪开设铁观音加工厂，2015返回太姥山老家方家山种植茶叶。

我是个土生土长的方家山人，茶叶基地坐落在福鼎大白茶母树"绿雪芽"发源地，这里素有白茶故里和"白茶生态小镇"之美誉。这样的高海拔种的出好茶，我很早就打算筹建一个茶叶初制厂，带动更多的群众致富。

研究茶树

我从小就对茶怀有别样的情愫，为了不打无把握之战，在大师的指点下，我不断学习制茶技术。2016 年，我注册成立福鼎市太姥山广韵茶叶加工厂，投资 60 万元建起 600 余平方米的厂房，并取得食品工业生产许可证，开始了福鼎白茶创业之旅。

近年来，绿色消费已成时尚，我秉持着对茶叶的执着专心研究，不离不弃。2018 年，一向执着的我在方家山承包茶园 300 亩，建立有机生产基地，采取统一标准管护，现在已初见成效，郁郁葱葱茶园，云雾笼罩山野，滋养山林茶园。

这些年，我通过茶园流转整合后，将之作为公司生产基地，孕育广韵白茶典异品质。我的做法是：一般是 4 至 5 斤鲜叶制作 1 斤成品白茶，制上一杯好的白茶需精心酿制，要有工艺天然和功效独特等特性，白茶需经历采摘、萎凋、烘焙、拣剔、精制等多种制作环节，工艺自然独特传统，工艺采用生晒、不炒不揉、文火足干，既不破坏酶的活性，又促进氧化作用，且最多保留天赐养分，福鼎白茶传统技艺看似简单，其实程序繁复，更需要有对茶发自内心的热爱。

历史上福鼎白茶曾以独特的品质享誉国内外市场，尤其是太姥山核心产区白茶，在市场上口碑较好，深受消费者青睐，我的公司就坐落于福建省东北部太姥山 5A 级景区世界地质公园，福鼎白茶也将圆我的创业梦，也将成就"广韵茶叶——李照德"之路！

现在，我坚守自己的信念，所产茶叶品质获得众多茶友的好评，我离成功还会远吗?（李照德，2019.11）

广韵白茶基地

筑巢引凤

　　"你看，我的茶树筑着鸟巢，鸟儿可吃虫子，鸟粪还可当有机肥。"站在茶园中央，厚张茶业董事长林传可拨开着茶树说："为了提高茶叶的品质和产量，必须进行有机管理，模拟'鸟＋茶树'生物链，让它们共生共长。"

让鸟儿在茶园筑巢

林传可出生于 20 世纪 70 年代初，1990 年刚刚 20 岁的他离开了家，到村里的天湖茶场打工，既做过绿茶、红茶制作车间工人，也当过有机茶园管理员。2000 年，他与人合股开了一家绿茶加工厂，主要给品牌企业当供应商。

"那时候，福鼎白茶还是没火起来，我们主要给外来客商做代工绿茶或红茶，虽然做的茶品质很好，但没有自己的品牌和经销商，只赚点微薄的加工费。"林传可说，其间的经历，他用了一个词来形容——辛苦。

但是他说，他并不后悔打工，因为在打工的途中，在社会这个大舞台，他学到了不少，这段时间，他并没有放弃文化修养，同时学到了不少管理技能。用他的话说，他还年轻，身体健康，有的是力气，所以他不仅要在种茶的技艺上下功夫，还要在制茶的技艺上下功夫。

为了改变给别人代工的局面，更为了争一口气，2015 年他决定自己单干，回到方家山村里，在 2016 年初注册了"福鼎厚张茶业有限公司"。

"刚回村创业，受习近平总书记讲的'绿水青山就是金山银山'这句话的启发，看到方家山生态条件良好，认为种植茶叶比较有前途。"林传可回忆道。种植有规模的茶园，需要投入大量的资金。创业之初，林传可手头并没有什么资金，因没什么抵押物，在银行借不到多少资金，他只好硬着头皮向兄弟、亲戚朋友借，逐年偿还。种茶和制茶没有经验，他就四处去学习，向专家虚心求教。

幸运的是，2017 年，方家山畲族生态白茶合作联社成立，他也成为一名理事，通过联合社成员之间交流与互相学习，逐步掌握种植管理茶叶和制作茶叶的方法。他白天在茶园干活，晚上去参加联合社组织的专业技术培训。

林传可的白茶园不施化肥，不打农药，一年只有三月底和四月采摘两次，但其余时间也要上山锄草修剪，创造生物链让鸟儿筑巢繁育后代。

几年时间,林传可不仅在资金上有了一定积累,还有了自己的客户源。但是,林传可不满足于此,"有了销售对象,我就想自己开个实体工厂,这比单纯做自产自销好得多"。

林传可一直在说,一个人就像一艘船,只有航向对了,才能有大的奔头,才不至于去走歪门邪道,当然他也得到了党和政府无微不至的关怀,除了从思想上鼓励他外,更多的是给予技术方面的援助。他并不满足于他的今天,品质的优秀才是硬功夫,于是他便从品质中去寻找白茶的价值。

对于未来,林传可有着更长远的憧憬和规划:"我希望通过自己脚踏实地的工作,争取把现在的公司从小作坊做成行业认可的企业。"

相信在林传可的努力下,在不久的将来,他一定可以实现自己的想法。(雷顺号,2019.10)

异乡茶情

和早期从事茶叶经营的福鼎前辈们不同，80 后的周星是湖南人，无论是战略思维还是商业眼光，都彰显着年轻一辈另辟蹊径、充满活力的一面，可以说充满颠覆性。

他始终认为，如今是共赢的时代，作为外来创业者，只有联合各方的优势力量一起去做一件事，才有更大的胜算。瞄准这一点，他在经销商和厂家的身份转换中应对自如，也在变幻莫测的时代，实现了属于他这位"斜杠青年"的胜利。

2012 年大学茶专业毕业后，周星来到福鼎某茶叶品牌企业担任销售，主要负责企业参展、市场开拓和客户维护。

"这家企业以展会为主，太累了。"2014 年底，周星从这家企业辞职，"那时候，我不知道做什么好，天天就是在福鼎瞎逛，不知道到底是回湖南老家，还是继续留在福鼎创业！"

2015 年春节过后，周星在点头镇上租了一间房子，跟一个朋友一起住，想寻找商机。可是，这个朋友是个炒股迷，"整天待在房间，对着电脑炒股，根本没心思做白茶"。

周星只好单干，慢慢地把原来的客户或朋友联系起来，"做些小单子维持生活"。

经过一年多的努力，虽然有了起色，但是寄居别人店里发货和接待，肯定不是办法，总得有自己的场所。到底是开店还是办厂，周星陷入了迷茫中。

2016 年 3 月，周星的朋友林先生在点头镇开了一家体验店，花了 20 多万。"我也想开店，但投资这么多，有点担心做不起来！"在一次聚会中，周星碰到了以前茶企的同事钟而洲，聊起了自己的困惑，而此时的钟而洲正在做市场销售，也遇到了上升瓶颈。

聊着聊着，话题自然而然就转移到福鼎白茶上来。开个店要20 多万，办个小初制厂也才 30 多万。"那我们一起回到我老家合伙开个小厂子吧！"钟而洲是太姥山镇方家山村人。方家山村是一个知名的白茶故里，海拔 500 至 700 米，森林覆盖率 90% 以上，生态环境优美，十分适合种植白茶，在茶界有着较高的知名度，对于他们刚刚创业的年轻人来说，是一个不错的选择地。

说干就干，周星和钟而洲各自筹资 15 万元，在 2016 年底办起了一个白茶初制厂，成立了国子生态白茶公司。2017 年春茶开始生产，"没有流动资金收购茶青，又不可能欠着茶农的钱！"周星和钟而洲又各自借了 5 万元，启动了当年的白茶生产。茶品出来后，周星就拿着样品找以前的客户。"这些客户都是朋友，他们虽然都有自己的茶叶批发店，但没有自己的加工厂。这时候，我们的小厂优势发挥出来了，大家都找我们拿货，很快地解决了生产流动资金问题。"周星实现了白茶创业"一级跳"，掘到了人生第一桶金。

上香祈愿，融入方家山

钱有了，厂有了，亲朋好友都劝周星见好就收。想想创业过程中的艰难困苦，当时周星也有过止步、小富即安的思想。

"胆子要再大点，步子要再快点儿。"周星面临第二次人生抉择。

随着生意的不断好转，客户的不断增加，周星与钟而洲二人的理念也不断发生冲突，陷入了企业定位的矛盾中。"而洲想把现有这些客户维护好，给他们当代工企业，等积累到一定的资本，再启动品牌。"

"不能在产业链的最低端游走。必须转变思路，建立自己的品牌。"周星回忆道，"我觉得现有客户可以维护好，把一部分产能挖掘出来，做品牌。2017年上半年，我们一直在摸索着，做什么品牌好？到底如何做才能体现我们自己的特色？"但是，方家山多数企业从事代工生产，大家都没有品牌意识，没有可借鉴的模式让周星参考。

"钟而洲是一个畲族小伙子，能不能立足方家山，结合畲族文化，由此做一款主推产品，由主打产品助推品牌发展呢？"周星的思路与钟而洲的想法又回到他们一起办厂时的梦想——奇迹般地一致——做精致的特色小众品牌，于是主打产品"山哈记忆"寿眉饼闪亮登场，"生态小产区，用心做好茶"的企业口号也喊起来。由于定位准确、品质优良、价格适中，"山哈记忆"寿眉饼一上市，很快获得了客户的青睐，成为2017年郑州茶博会畅销品，当年就获得了近200万元的销售额。2018年春茶结束时，周星还清了债务，实现了"二级跳"。

态度决定高度，思路决定出路，格局决定结局。手头有了资金，周星想让品牌走得更远。

方家山村有茶园面积2000多亩，茶叶品质好，全村虽然有茶企21家，但因数量多规模小，茶叶有品质却无品牌，加上各自为战、资金实力弱，难以带动村民致富。2017年3月，方家山畲寨生态白茶合作联社改组，钟而洲当选常务理事长。方家山各个企业也都有了自己的品牌，抱团发展初步成型。

"品牌有了，但没有影响力，也没有传播力，没办法把方家山的优势发挥出来，大家还是处于自产自销的局面。"于是，周星开始梳理公司的产品理念，谋划更好的品牌发展计划。2018年，经过多次思考和调查，国子生态白茶公司提出了"代表方家山的味道"的企业定位，形成了"山哈记忆""白茶故里""国子说"系列等20多个产品。凭借多年经验以及广大客户良好的口碑，各项业绩蒸蒸日上，周星也实现了创业"三级跳"，成为名副其实的小老板。

有了底气才有胆气！"作为公司的决策者，压力非常大。"不过，周星也相信，年轻就是资本，希望自己能做一个有梦想，也有能力实现梦想的人。"不久的将来，我们的产值将会翻三番。"周星的"第四跳"值得期待。（雷顺号，2019.10）

追梦白茶

朱平最早涉足茶叶经营是在 2006 年。那时，普洱茶属于上升期，而福鼎白茶处于萌芽状态，是一个新兴茶类，但是利润空间和发展空间比较大。

可是之前朱平对福鼎白茶没有太多认知。在上海，虽然代理着普洱茶著名品牌"干仓之味"，但是对顾客提出的有关白茶的问题，他常常脸涨得通红，也说不出个所以然，事后只得请教朋友。看着朋友和顾客大谈白茶，朱平第一次认识到福鼎白茶居然有着这样深的内涵。朱平喜欢上了白茶这一行。

2012 年，第一次被白茶惊喜到，朱平喝的是福鼎著名品牌的白毫银针，被白毫银针的毫香蜜韵所吸引；2013 年，再次被白茶惊喜到，朱平喝的是福鼎另外一个著名品牌的白牡丹，对白牡丹的鲜爽甘润印象深刻；2014 年，第 3 次被白茶惊喜到，朱平喝的是一款 2007 年紧压白茶，据说是用 1997 年的白牡丹与寿眉拼配紧压而成，虽然这款茶在业界有着"中国白茶第一饼"的民间身份，但朱平感兴趣的是这款老白茶饼的陈香与干净的味道，于是他决定到福鼎看看。

在福鼎，经过茶叶市场调查和企业产区走访，朱平决定在上海开一个福鼎白茶品牌专柜，地址选择在天山茶城。也许是初生牛犊不怕虎，朱平当初只是想扎堆的生意好做，并没有在意这家茶城里对手们的来历。事后他才发现这里的人个个都是茶叶高手，不论是茶道还是销售；而且很多都来自福鼎白茶生产厂家，从骨子里有着对白茶的理解。唯独他是个门外汉。

坚持一年后，朱平与合作品牌厂家之间的生意思路偏离越来越远，最后只好分道扬镳。2015年，他开始独自做白茶——从福鼎收购毛茶进行代工，做成自己的牌子来推广。

这是他第一次采购福鼎白茶，由于没有经验，采购的茶叶无论在色泽上还是质量上都给日后的批发和销售带来了困难。为了不再犯同样的错误，他买来好多有关茶叶的书，仔细研读，凡是上门的客户也都提供最优惠的价格，以便发展市场。即使这样他的店铺仍是门庭冷落。

朱平开始托朋友介绍白茶销售渠道，稍有空闲亲自背着茶样去零售店推销，有时他请人给他看门市，自己背个大袋子到偏远郊区去找销售点。而很多时候，他都吃闭门羹，偶尔听到"我们有供货方，以后考虑吧"，他都会激动半天。"那时我一心想着尽快发展客户，有时一天都顾不上吃一顿饭，一个月下来整个人都快虚脱了。"但是辛苦没有得到回报，朱平处在了失望边缘。"我已经喜欢上了这个行业，每个行业起步都会有艰难和困苦，更何况我还没有认输。"

2016年底，朱平经过激烈的思想斗争后，再次来到福鼎，在朋友的介绍下认识了周星、钟而洲。经过多次交流与沟通，朱平想做一款经典的寿眉饼，获得了周星、钟而洲的赞同，三个人决定结合畲族文化和福鼎白茶传统工艺，将计划开发的寿眉饼叫作"山哈记忆"。"山哈记忆"茶饼拿到上海、郑州、大连、青岛等市场推广，获得了茶客的一致好评。朱平决定与周星、钟而洲的国子生态白茶公司长期合作，共同推广方家山白茶。

2017年至2018年，在朱平的策划与帮助下，从有名无牌的"国子监"到有名有牌的"山哈记忆"，到现在的"白茶故里"20余个系列产品，国子生态白茶公司实现了跨越式发展。2019年3月，在方家山首届民间斗茶赛上，朱平与钟而洲共同制作的白毫银针获得了金奖，他本人也被方家山畲寨生态白茶合作联社评选为"方家山白茶推广大使"。

"我的生意在经历了两年以上的冰冻才迎来朝阳,真正赚钱是在'山哈记忆'寿眉饼出来第二年的年底。期间我也想过退出,但是我看好这个行业的前景,选择了坚持。我处事的风格就是执着,我认为做生意也需要执着。所以我成功了。现在茶叶消费档次不断提高,人们对茶叶的工艺制作的认知程度越来越深,随之茶叶的市场也将更加广阔,我想我还会执着下去。"也许朱平的成功并没有多少玄妙之处,唯一的原因就是他执着,肯钻研。

"要制作出符合有机标准的有机白茶,必须在环境选择、茶园管理、茶叶加工、茶叶包装、茶叶运输过程当中进行全程、严格的有机管理控制。"朱平说,与他合作的公司茶园基地坚决不使用除草剂和化学肥料,全部使用最好的有机肥,含有很多微量元素和有机质,特别是有机质中的氨基酸部分可以被植物根系直接利用,同时提供茶树生产期的氮肥供应,还含有多种有益菌,可以改良土壤,增加土壤有机质。在防治病虫害方面,利用茶园紧邻落药河得天独厚的地理位置,由蛙类、蜘蛛、鸟类等达到自然生物链方法除虫,同时通过对茶树的修剪防治、物理杀虫、人工捕杀等方法防治病虫害。在生产加工环节,要求车间合理布局,空气、采光环境均达到有机食品的生产加工标准,禁止使用由重金属及易腐蚀材料制造的生产设备。

"我们生产的白茶品相好,色泽诱人,香远益清,回甘长久,可与任何茶叶相媲美。"朱平说。为了让更多的人参与进来,他时不时会组织一些年轻人感兴趣的活动,有时候是一些公益茶会,有时候是茶课,偶尔,他还会带茶友们到茶山体验采茶和制茶的乐趣。在他的带动下,来方家山收购白茶的客户也越来越多。

在朱平看来,福鼎白茶不仅仅是一种售卖的商品,更多的是代表一种生活方式。在忙碌的生活中,泡上一杯白茶,让生活的节奏慢下来,让浮躁的心归于沉静。这就是福鼎白茶带来的独特魅力。朱平说,能够从事自己喜欢的行业,找到志同道合的紧密

朱平、周星带着国子白茶客户参加方家山茶文化活动

合作伙伴，把自己热爱的东西分享给他人，并且得到许多人的认可，这就是做白茶以来最大的收获，也是鼓舞着他不断向前的动力。

从好奇到喜欢，再到把爱好变成事业，朱平的追梦之路，好像并没有过多的曲折，但实际上，这中间包含了太多的坚持和努力。有梦、敢追、坚持，这三个关键词，几乎贯穿着朱平和白茶之间的整个过程。同时，这些关键词，也属于所有的追梦者。祝福每一个有梦想并且敢于去实现的追梦者。（雷顺号，2019.11）

织梦茶山

曾经的茶乡外村客，如今的茶农知心人，来自江南水乡古城——江苏常州的 90 后国家高级评茶员陈沁芸，可以说是方家山的老朋友了。也许是注定的缘分，驱使她不远万里，来到福鼎学茶，也将茶香带回江南、带向世界。2019 年，她被方家山聘请为白茶故里方家山生态白茶推广大使，与方家山的关系也更加紧密。一缕茶香，一生守候，陈沁芸与白茶的故事还很长。

有这么一群人，他们不喜城市的喧嚣，独爱与动物、植物打交道。拒绝美酒的诱惑，也不爱各色饮料，唯有茶香袅袅能抚慰心灵。90 后评茶员陈沁芸就是如此，辗转常州、福鼎两地间，在

获聘白茶推广
大使

山中采茶，到茶场评茶，开沙龙品茶，她的诗意生活与茶叶、爱茶的人们息息相关。

出生于 1990 年的常州沄岩茶叶有限公司创始人——陈沁芸，从少女时代起就对茶很感兴趣。"每逢暑假，我都会去四川生活一段时间。"在那儿，她爱上了大自然，也爱上了茶。

"四川人爱喝茶，在大茶楼里，泡茶小妹为你表演茶道，是视觉与味觉的双重享受。也有小茶馆，当地人叫'杯杯茶'的，当时只卖几块钱一杯，体现了茶文化亲民的一面。"陈沁芸说，她的茶叶梦从四川开始萌生，讶异于小小树叶有千百种滋味，她也从一开始就认为：茶叶应该走进寻常百姓家。

用十年时间，陈沁芸走遍大江南北。绿茶、红茶、青茶、黄茶、黑茶……走过千山，尝过"百茶"的她，最终寻觅到了最适合自己的那一种，那就是福鼎白茶。"每个人都有自己最适合的茶叶，饮茶的功效还在其次，我只觉得它是最能让我静下心来的那一种。"陈沁芸说。

来到方家山，爱上的不仅是这里优美的生态环境，更是与茶有关的静美闲适的生活方式。陈沁芸在大山深处寻到的不仅是一味好茶，更是文化、情谊与归属感。"第一次到方家山是正月里头，一下子就被当地少数民族祭祖的宏伟景象震撼了。"陈沁芸回忆道。载歌载舞的畲族青年男女，丰盛的海鲜与山珍大餐……最最吸引她的还是那终年湿润、云雾缭绕的茶山。一来再来，最终"留下"，陈沁芸融入了茶山生活，更把这种纯粹带回了江南故里。

在陈沁芸学习、研究方家山白茶的过程中，她发现方家山的白茶有着许多独到之处。方家山村地处太姥山，太姥山的粗粒花岗岩土质使得方家山白茶拥有独特的"岩韵"，并且口感纯净度高。方家山村的海拔处于 600～800 米，常年平均温度低，使得白茶生长速度慢，内含物质丰富。常年的云雾缭绕，纯净的环境，湿润的空气，赋予了方家山白茶有别于其他茶的灵魂。陈沁芸用一句话总结了方家山村的白茶：方家山的白茶是可以培养口感纯净度的茶。

被方家山白茶的纯净度所吸引，在一次次的走访学习工作中，陈沁芸也找到了自己满意的合作基地。

走过云南、浙江、福建等产茶大省，陈沁芸认为自己既然将茶由爱好发展为职业，就应该走专业道路。于是她留在福建潜心学习，拜资深高级评茶师、国家高层次人才、福建省首席高级技师黄永红为师，走上了成为一个专业评茶师的道路。就这样，理论知识与品茶实践相结合，经长期学习，陈沁芸成了十分罕见的90 后国家高级评茶员。

"评茶师就像品酒师，（评茶）是对视觉、嗅觉、味觉的多重考验。"陈沁芸说，评茶员的日常工作其实十分辛苦与枯燥。"这是一份考验感官灵敏度的工作，所以平时要注意保护自己的感官，尤其是味觉。"陈沁芸说，为了她所热爱的事业，她不得不放弃了火锅和其他重口味美食，甚至连菠菜都不吃，酒就更不能喝了。"采春茶的时候，一天喝五六种茶也是常事。"陈沁芸曾创下一天连尝 20 多款茶的记录。

除了高级评茶员的身份，陈沁芸还爱好古琴与书法，更是江苏理工学院的客座教授。2019 年 10 月，陈沁芸的茶文化工作室落户江苏理工学院。以校企联合办学的形式，将福建省成熟的"茶学文化"带回江南，在校内开设评茶员培训课程，也是促进大学生就业

品味试茶

的创新途径。"在这个过程中，也将方家山及白茶普及给更多的人，让更多的人对福鼎白茶有正确的认知。"陈沁芸说。

走进陈沁芸的工作室，沉醉于古琴营造的静好时空，更有茶香袅袅、墨香悠悠。"古琴、茶艺、书法有机结合，文化的底蕴由此而生。"工作室的常客，既有江苏省乃至全国知名的书法家、画家，也有本地企业家、政府工作人员、教育界人士。陈沁芸认为自己的茶文化沙龙与培训都更重"灵魂"而非技艺、形式。陈沁芸一直提倡不以器物所累，不讲究名贵的茶具，但注重茶本身的品质。根据时令季节更迭，"万物皆可入茶席"，这正是茶的包容，这也是茶赋予人的天然趣味。"琴音与茶香、墨香融合在一起，正是传统文化融会贯通的表现。"陈沁芸说。

一般都是5到6人的小班沙龙，大家在一起泡茶、品茶，听琴习字，也逐渐形成了对茶文化的系统科学认知。除此之外，陈沁芸还定期举办茶文化讲座。2019年4月，有一批韩国学生来到中国游学，陈沁芸给他们讲了3天课，以福鼎白茶为主题，以制作工艺为线索，以理论加实践为方式，一边讲解理论，一边品茶对比。陈沁芸说学茶最好的方式就是多喝，但是不能盲目，要有目的地比较着喝，优缺点立马呈现，也能有很直观的认知和深刻的记忆。所以三天课程结束，虽然不太懂中国的文字和语言，但是，所有学员都已经非常懂中国的福鼎白茶了！"茶文化是中国传统文化中很重要的一个部分。"一边讲，一边品，这种最直观的体验给韩国学员们留下了深刻印象。

春茶最好，夏茶不收，秋茶高香，冬茶随缘；时序更迭、四季轮回，陈沁芸将带着学员与白茶爱好者来到千里之外的方家山，一起采茶、制茶、品茶。"带着大家体验原生态的茶山生活，呼吸大山深处的清新空气，还有与家乡迥异的民俗风情。"陈沁芸说。远渡天涯的缕缕茶香，就这样浸润进异乡茶友的生活。来自江南的美女评茶员，也将继续行走在全方位、立体式推广白茶的道路上。茶山故事，还将继续；茶香不断，未来可期。（谢书韵，2019.10）

茶聚情缘

烟雨绵绵的三月，当那一天踏上连绵的方家山时，瞬间被眼前的青绿融化了。

不禁惊呼，茶山绿了三月。

记得著名文人朱自清在他的《绿》一文中写道："我第二次到仙岩的时候，我惊诧于梅雨潭的绿了。"那么于我，在三月，第一次到方家山，就不禁惊诧于它的绿了。

茶树是绿的，蜿蜒着，一波接着一波，层层叠叠；山是绿的，连绵起伏，弥漫着浓浓的绿茵。顷刻间，绿色已经化成了一个精灵，飞舞在山川之间，飞舞在空气之间，是那么飘逸，那么纷扬而至。好一个美丽的绿，好一个清爽的绿，好一个娇媚的绿。

来到方家山，恰逢2019年第五届方家山"三月三"畲歌会，我还顾不上欣赏畲族采茶青年男女表演的情歌对唱，即被眼前的青绿浸润了悠悠的思绪，让几多的情怀在方家山的细雨中飘飞。

随行的茶友介绍说，"三月三"是方家山当地畲族同胞的传统佳节，歌会场景盛大。这一日，歌如情，人如海。本地畲族同胞前一日就为过"三月三"而难以入眠。当日，福鼎双华、浮柳、牛埕下以及浙南和闽东的福安、柘荣、霞浦、蕉城等地的畲民歌手都赶来参加，一展歌喉。"三月三"是畲族民俗活动，以唱山歌传承本民族的歌谣，方家山村借助太姥山、九鲤溪、杨家溪等地理人文产业优势，每年都要举办农历"三月三"歌会。

方家山绿了三月。不禁忆起古代与茶有关的文人墨客。

　　"心为茶荈剧，吹嘘对鼎立"，西晋左思的《娇女》也许是中国最早的茶诗了，写的是两位娇女，因急着要品香茗，就用嘴对着烧水的"鼎"双双吹气，对饮品香茗的迫切跃然纸上。到唐宋以后，写茶的诗词骤然增多，唐代茶诗多为表现欢宴情景，如白居易的《夜闻贾常州、崔湖州茶山境会亭欢宴》："遥闻境会茶山夜，珠翠歌钟俱绕身"；北宋茶诗、茶词大多表现以茶会友、相互唱和的情景，最有代表性的莫过于欧阳修的《双井茶》："西江水清江石老，石上生茶如凤爪。穷腊不寒春气早，双井茅生先百草。白毛囊以红碧纱，十斛茶养一两芽。长安富贵五侯家，一啜尤须三日夸。"而南宋由于苟安江南，所以茶诗、茶词中出现了不少忧国忧民、伤事感怀的内容，像杨万里的《以六一泉煮双井茶》中吟到的："日铸建溪当近舍，落霞秋水梦还乡。何时归上滕王阁，自看风炉自煮尝。"诗中抒发了诗人思念家乡、希望有一天能在滕王阁亲自煎饮双井茶的情感。

　　最让我印象深刻的当数宋代诗人杜小山的《寒食》："寒夜客来茶当酒，竹炉汤沸火初红。寻常一样窗前月，才有梅花便不同。"你瞧，深冬寒夜有客来访，主人理当以酒相待，也好以酒驱寒，但由于诗人当时的处境贫困潦倒，没有像样的酒菜拿来招待朋友，所以只能以清茶代替，二人欣赏着窗外月光照耀下不同于以往的梅花，促膝长谈，何等的清新雅致。明代高启的《采茶词》"雷过溪山碧云暖，幽丛半吐枪旗短。银钗女儿相应歌，筐中采得谁最多？"也颇受欢迎，咏写的是采茶女的劳动情景及茶民生活，诗中还寄寓了作者对茶农深深的同情。

　　而在历史中，唐代一位与茶有关的名人不得不提，他就是被后世尊称为"茶圣"的陆羽。陆羽自幼随积公大师在寺院采茶、煮茶，对茶学早就发生浓厚兴趣。流浪湖州期间，陆羽在这一带搜集了不少有关茶的生产、制作的资料。这一时期他结识了著名诗僧皎然。皎然既是诗僧，又是茶僧，对茶有浓厚兴趣。在茶乡生活，所交又多诗人，艺术的熏陶和江南明丽的山水，使陆羽自然地把茶与艺术结为一体，构成他后来《茶经》中幽深清丽的思想与格调。自唐初以来，各地饮茶之风渐盛，但饮茶者并不一定都能体味饮茶的要旨与妙趣。于是，陆羽决心总结自己半生的饮茶实践和茶学知识，写出一部茶学专著。于是，他的一部《茶经》，不但使国人对茶叶刮目相看，也使这种民间饮品走向了世界。陆羽对茶道可谓痴迷至极，曾在他的诗作《六羡歌》里这样说："不羡黄金罍，不羡白玉杯。不羡朝入省，不羡暮登台。千羡万羡西江水，日从竟陵城下来。"

方家山绿了三月。站在三月里方家山的碧绿的茶山上，放眼淡淡的山中游雾，影影绰绰的乡村房屋；挥一挥朦胧的细雨，看着那舞动着的采茶姑娘，松溪的茶叶历史随细雨纷飞而至。

方家山畲族行政村，位于风景名胜区太姥山境内，村寨民风淳朴，自然生态优美，交通便利畅通，畲族服饰、语言、饮食、民俗等民族元素保存完好。畲族主要分布在孔兰、横坑、上塘、下楼、后门垄五个自然村，近几年来已逐步搬到集中村来居住，形成具有畲族特色的村落。由于这里产茶历史悠久，源远流长，据传自唐代以前就有产茶，故被称为"白茶故里"。

也许，再没有谁能够与我一样，多年来始终徘徊在白茶与普洱之间。

我喜欢普洱茶，更喜欢白茶。

有很长一段时间，我都想安静地钻研普洱茶。2006年我在苍南与人合伙开了一家茶馆，经营的主要茶类就是普洱茶，并且开始推广白茶；2008年，我到广州芳村茶市开店，做的也是普洱茶和白

品味

茶……2012 年，我偕妻子从广州来到太姥山旅游，因慕名方家山"中国白茶山""白茶小镇"的美誉，到方守龙茶舍、绿雪芽庄园喝茶，结交了陈起剑等方家山茶人。至此，对福鼎白茶念念不忘。

有很长一段时间，我都想安静地钻研福鼎白茶。因为，我不论是开茶馆还是做茶叶店，虽然以普洱茶为主要经营品类，但我自己喝的却是白茶，尤其喜欢福鼎的白毫银针。白茶似乎始终出现在我的生活里，对我不离不弃，仿佛一位内秀钟情的美女，让我依依不舍。为了丰富自己的学识，我多次来到福鼎白茶产区，深入田间地头研究白茶的生产、加工，甚至参与制作白茶……

你看，机缘巧合，因为喜欢白茶，2015 年我举家从广州迁居福鼎，注册了崇澜茶业公司；2016 年 3 月，福鼎白茶街开街，这次我干脆开了一家福鼎白茶专业店……

2018 年 10 月，我在方家山建起了自己的茶书院……

方家山绿了三月。刚下过雨，小小的茶叶更显青翠欲滴，好

茶书院

似我一指轻弹，便会叫季节变换。如此，尽管用双眼去欣赏这绿色好了，让一股干净绿色在茶坎间蜿蜒变换，让明快的心境如山泉溪水般地畅流，让郁郁葱葱的绿色占满所有的思绪。

"采茶女！"

转头间，畲歌还在对唱，男女主角的轻柔对白把我绿色的思绪唤醒，远远望去，整整齐齐的茶树并在一起，一行行，一簇簇，像一条条绿色的波纹，在三月的清爽中荡漾。就在这些柔柔的波纹当中，有些星星点点的影像，正是忙碌的采茶女，姑娘们亭亭玉立的身影，和同样是亭亭玉立的茶树，在三月茶山的薄雾柔光里茂密地生长，那欢快的笑声，如一串串风铃，挂在山间。

三月，方家山的绿，召唤着我。（周明选，2019.6）

一叶倾城

实业兴邦，茶产业是健康产业、朝阳产业，随着生活水平的不断提高，人们对精神文明的追求日益强烈，茶是中华文明的瑰宝，一片神奇的东方树叶可以跨越千年，这样的文明值得我们炎黄子孙传承并发扬。而选择白茶的初心是因为想从受益者转变为分享一份健康中国茶的践行者。

一直以来我都有喝茶的习惯，在朋友建议下饮用白茶一段时间以后，我发现身体的免疫力提高了不少，这让我对这小小的茶叶产生了莫大的兴趣。从2016 年开始，我研究白茶、收藏白茶，渐渐地萌生了从事白茶事业的想法。白茶以其简约而不简单的工艺特点决定了她纯粹质朴的特点。工艺的简单性决定了她自然纯粹，受到环境和机械污染最少；不简单的是，看似最简单的工艺却最是需要对各个环节的最极致的追求，之后方能成就一款可现喝亦可收藏的白茶。往往很多茶商都认为这就是白茶的

专注事茶

全部工艺，其实这只是白茶的基础形态。时间才是白茶鬼斧神工般的技能大师，但必须辅以最精心的照料，白茶一旦受潮或者过度氧化，将毫无价值。

秉承着信念与初心，2017年春天我到福鼎考察，走遍了福鼎的各个产茶区，只为找到我心目中的完美之茶。行路漫漫却未能有缘遇见打动我的茶与茶企，"实在不行就自己办厂，自己做茶"，恰巧在我萌生这样的念头之际，友人雷顺号老师引荐我与绿雪芽白茶结缘。

在福鼎绿雪芽旗舰店里，一道2004年的白毫银针彻底征服了我。考察福鼎白茶的过程让我了解了白茶的发展历史，在国内白茶的推广中，天湖茶业作为龙头企业起到了十分重要的作用。天湖茶业延续原国有茶厂的制茶技术，同时在企业战略中很早就布局了老白茶的仓储，注重年份白茶标准样体系的建立，为白茶市场的健康发展奠定了坚实的基础。在现今的白茶体系中，要找到一杯打动我的好茶，只能从大企业中寻找，而得到它的最快方式就是成为经销商。我的寻茶之旅在绿雪芽圆满，而作为厦门代理商的漫漫征程才刚刚开始……

习茶

在经营过程中，最触动我的是 2017 年的金砖会议。举办金砖的时候我刚刚与绿雪芽签约成为厦门地区代理商。在金砖会后的答谢会上，作为经销商代表，我从厦门市市长手中接过感谢信和支持单位牌匾，我知晓这是荣誉更是责任。金砖国家领导人厦门会晤是新中国成立以来，福建省、厦门市承办的规格最高、规模最大的国际盛会，我们的绿雪芽白茶能够成为这样高规格盛会的指定用茶，这是对我们品质的莫大信任。因为这一份信任，让我在厦门及闽南地区推广白茶更有信心，因为这是一种健康、让人放心、来自自然的白茶，更是得到官方认可与认证的民族品牌。

中国是茶的故乡，中国人的文化底色里融合着茶道的精神。壶里乾坤大，杯中日月长。一片小小的东方树叶里蕴含着文化认同与民族自信，它也成就了一个产业，富裕了一方百姓。实业兴邦的初心不改，砥砺前行的路上，感恩好茶相伴，与你同行……
（李飞龙，2019.10）

白茶如友

喝了许久的茶，各种颜色的茶。最终，子落白地，对白茶情有独钟。

一位兄长说过，"值遇好茶，靠福报"。乍听，暗自庆幸自己运气好。再听，心生感激和珍惜之情。万物皆有归处，万事都有始终。在能喝到好茶的岁月里，自在，欢喜，便是对茶最大的尊重了。

所有的茶里，我最爱白茶。白茶，作为朋友，特别合格。

白茶，是最耐心的倾听者。

无论我说什么，白茶都保持自己该有的姿态与涵养，只提供它的三香五味，我就势练习一下舌底莲花功，"须从舌本辨之，微乎微矣"。说不清，道不明，一口一口喝透，便说尽了心中的话。

白茶，是最智慧的表达者。

"铅华洗尽见真淳，一语天然万古新"，原料正宗，加工规范，保存恰当，全都可以喝得到。好白茶自己会表达，"有多好，好在

侍茶

哪里"统统自己作答。一泡老白茶，能打通任督二脉，让人瞬间忘却窗外事。

白茶，是最暖心的陪伴者。

这个世界，是有游戏规则的。然而，成年人的世界，更多的是规则，少了游戏。不说累，不代表不累。不诉苦，不等于无苦。白茶的回甘，比喝一口糖水，更摄人心魄。连日出差，离不开白茶的人，行李中一定会有白茶。啜一口，每日辛苦便消散了！

大连今日的清晨，洒落冬雨，清冷的天气呀……爱茶的友人，早早却在朋友圈里晒起了干泡茶席，焦糖黄，是我们最爱的老白茶独有的色泽。生活中有茶，日日是好日。

日常忙碌，有一种幸福，就是跟朋友一起亲近白茶。席间，朋友不必多，一人或两三人，泡茶时，静默，品茶时，相守。不约而同点头，放下茶杯，聊聊各自感受。说或不说，说多说少，白茶的妙都在。

事实上，茶没办法替我们交朋友，却可以证明：同为爱茶人，相似的灵魂，一样的喜好，自然而然就成为彼此吸引的朋友。白茶里不仅有好喝的味道，还有人情味儿。

写着写着，竟有白茶香飘进鼻腔，药香、陈香、木质香、糯香、枣香……说不清是哪一种，思索之余，香气早已化入身体，浸润心灵。喝茶去！（旭宁，2019.11）

匠心传承

2015 年 5 月 27 日 13 点 18 分，来自中国白茶原产地的福鼎白茶企业——国之白茶（福建）有限公司全资控股的邱韦世家茶业有限公司成功登陆上海股权托管交易中心挂牌。

当天的挂牌仪式在茶界引起了不小的轰动，作为中国第一家在股权交易市场挂牌上市的白茶品牌——国之白茶·邱韦世家，吸引着众多的投资者、茶界人士及媒体的关注，其品牌创始人邱学勇先生更是深知其中的艰辛与不易，国之白茶能够发展至如此规模，所经历的是他人难以想象的前世今生。

缘起

早在清朝乾隆五十六年（1791 年），邱氏先人邱古园即在

《太姥山指掌》中记载："循磨石坑三里许至平岗。居民十余家，结茅为居，种园为业，园多茶……"不知是太姥山选择了邱氏世家还是邱氏世家选择了太姥山，缘分让邱氏世家与白茶相遇，从那时开始，对于白茶的向往便深深地植根于邱氏族人的心中。

国之白茶的诞生最早要追溯到清朝康熙三十九年（1700年），太姥山西南侧、人迹罕至、荒山之地的方家山垮丘里，三百多年来邱氏族人由福建上杭迁徙在此默默地开基种茶，采用晾晒方法创办白茶古作坊。那时的白茶萎凋主要是通过自然晾晒完成的，大道至简，悟在天成，取之天然，琢于手工，这正是制作福鼎白茶的理念。邱氏世家制白茶正是遵循着这个理念，生生不息，蓬勃发展。

明清时期，白毫银针曾为英国女皇所爱，因而风靡于欧洲贵族间，贵族喜好在红茶中加入一些白毫银针以彰显品位。邱氏族人正是抓住这千载难逢的好机会，在福鼎沙埕港贸易口岸设点，从事茶叶贸易，将白茶产品远销东南亚、欧美英德等国家。1935年，邱氏族人和广大茶商一样在当代中国茶圣吴觉农倡导下开始兴办茶厂，从此奠定了邱氏茶庄发展的基石。

20世纪50年代至70年代，全国实行茶叶统购统销，邱氏茶庄全部废弛，邱氏茶庄的古法制茶工艺只能秘不示人，作为祖业之技传承。

复兴

邱学勇，国之白茶品牌创始人。在《中华丘氏大宗谱福建福鼎分谱》当中有记载：邱氏先祖始于1700年（清朝康熙三十九年）自福建上杭移居福鼎白茶发源地——太姥山、白茶故里方家山——垮丘开基种茶。

这里，是他的故乡，茶业，是他的祖业。在他的身上流淌着的，是世代先祖传承下来对大山最深沉的敬畏以及对白茶深深的情愫。兴祖业，创品牌，将邱氏家族代代相传的制茶工艺发扬光大，是他无可推脱的责任也是他最大的心愿。

自 1986 年应征入伍的他，在 2005 年转业后便全身心地投入到茶业当中，以弘扬先祖遗风、重振家族事业为目标而辛苦耕耘着。2006 年 4 月，怀揣着梦想与初心，邱学勇在全国最大的茶叶市场广州开办茶庄，宣传推广家乡的福鼎白茶。

一直以来，在广州芳村茶叶市场近万家的茶行茶庄中，红茶、绿茶、黑茶、乌龙茶等六大茶类，精彩纷呈，百花齐放，普洱茶企业更是品牌林立，而在当时，白茶声名不显，处境艰难。但邱学勇一直相信：好品质，自己会说话；好白茶，终究有人明白，只是需要给市场点时间、给消费者点时间。

终于，在 2009 年 10 月，福鼎白茶（太姥银针）成功入选上海世博会十大名茶，白茶市场也开始出现上升的势头，但在当时，行业整体形势依然不甚明朗。在这种情况下邱学勇以敏锐的市场感知预判，白茶的春天即将到来，白茶产业必将趁势而起，自己所等待的机会也终于来了。

　　他凭借超前的发展意识，从广州立即动身前往福鼎家乡，踏水寻山深入祖居故地，探访邻里茶农，整合茶山资源。在 2014 年 4 月，茶厂拔地而起，最终落成，自己的辛苦经营，也获得了回报。博观而约取，厚积而薄发，多年的市场打拼，让邱学勇已然成为一名出色的企业领头人，国之白茶在其带领下的发展形势，更是如日中天，步步兴旺。

　　依托邱氏代代相传的制茶技艺，以及生态茶山所产的优质鲜叶，国之白茶在办厂同年，荣获中国（广州）秋季茶叶博览会、第十五届国际茶文化节全国名优茶质量竞赛评比白茶类白毫银针金奖、白牡丹银奖、寿眉优质奖，在当时一炮而红；在 2015 年 5 月其更成为中国白茶第一家成功登陆上海股权交易市场挂牌的企业，震惊业界。

　　随后，邱学勇带领国之白茶入驻广州芳村启秀茶城，占领核心地理位置。其品牌随即进行全新升级，完成品牌化运作。"广州芳村是中国茶产业的核心、品牌茶企的方向标，启秀茶城则是芳村的龙头市场，进入启秀茶城是国之白茶立志打造中国第一梯队白茶品牌的第一步。"

　　仿佛一夜之间，全国各地茶叶市场上的茶店几乎家家都卖起了白茶。近些年来，白茶成为茶市的新宠，价格普遍上涨，而且持续热销，前景一片大好，更有些"老白茶"以上千元甚至上万元一斤的价格成交。在如今的芳村茶店，很多店都在最显眼的位置摆放白茶，曾经默默无闻的白茶终得以翻身，而这样的现状是每一位白茶从业者不断努力付出的结果。

　　幸逢盛世，使命催征。邱学勇所预判到的白茶市场兴旺如今已然成真，他前期所做的种种发展部署也正在逐步落地，看着国之白茶的稳健发展，看着它正在被更多的茶人、茶商、茶企所认可，他没有停下脚步，因为他明白，自己肩上的责任还不能卸。

传承

在完成品牌升级之后，国之白茶于 2016 年、2017 年踏上了全国茶文化传播的全新巡展征程，先后去到广州、深圳、西安、大连、上海、北京、杭州、长春、南宁等地，足迹遍布全国各省市，将太姥山—方家山的生态好茶，将邱氏家族的家传工艺，一步步地带向全国，带进千家万户。

2018 年 12 月，国之白茶荣获国际（深圳）第八届鼎承茶王赛太姥银针、老树牡丹双料金奖及贡眉优质奖，2019 年，国之白茶梅开二度，再获双金，真正做到凭实力、靠品牌，赢得了市场的完美认可。

其实，在 2015—2018 年，茶行业并不像外在表现出的那么景气。经过多年稳定发展的中国茶产业剧烈变革，茶界也经历着多次的重大动荡：芳村罢市、普洱茶价格下滑等业内事件不断牵动行业人士敏感的神经，很多茶人、茶商对茶产业前景迷茫起来。但是种种挫折，并没有阻碍国之白茶前进的脚步，并不能影响邱学勇追求发展、谋求进步的决心！即便行业动荡，邱学勇依然带领着国之白茶冲出了一条自己的发展道路。

2014 年 11 月至今，国之白茶积极参加福鼎市茶业协会组团的广州、郑州茶博会及自行以特装品牌企业形象参加华巨臣主办的专业茶博会，宣传推广福鼎白茶达到 20 多场，并且铺设电商运营渠道，构建微信商城，入驻天猫平台，紧紧拥抱互联网发展，为国之白茶迈向更高舞台，打下坚实基础。（国之，2019.11）

附录

首届闽东畲族茶文化研讨会在福鼎方家山举行

雷顺号

茶叶是畲族传统经济作物之一，闽东是福建重要产茶区，产茶历史悠久。

2019 年 4 月 7 日，由中共宁德市委党史和地方志研究会、宁德师范学院主办，方家山村委会、方家山畲族生态白茶专业合作联社承办的首届闽东畲族茶文化研讨会在福鼎市太姥山镇方家山村举行，宁德师范学院副教授陈赞琴、福鼎市文化馆馆员冯文喜等与会者围绕畲族茶文化渊源、传承技艺与壮大畲族茶产业发展等方面展开深度交流，为进一步实现茶文化产业化，对于带动茶农增产增收、振兴畲族乡村具有重要价值和意义。

以太姥山为中心的区域范围，是闽东畲茶文化的发祥地。唐代陆羽《茶经·七之事》引隋代《永嘉图经》载："永嘉县东三百里有白茶山。"据陈椽（安徽农业大学教授）《茶业通史》（1984 年版）考证认为："永嘉为当时的温州，东三百里是海，应为南三百里之误；南三百里为唐长溪县辖

畲茶研讨会

宁德师范学院在方家山设立畲茶研究共建基地

区即今天的福建福鼎。"太姥山即是"白茶山",方家山在太姥山内。我国是一个多民族的国家,畲族是 56 个民族中的一员,历史上居无定所,四处迁徙,而且大多散居在峰峦重叠的深山,这些地带气候土壤十分适宜茶树生长。加上畲族是一个勤劳且勇于开拓的民族,因此畲民迁徙到哪里,拓荒到哪里,种茶到哪里,在漫长的栽茶、采茶、制茶、饮茶过程中,逐渐形成和积淀起了独具特色的闽东畲族茶文化。

方家山村党支部第一书记郑延芳介绍说:畲族茶文化是中华茶文化的一个重要组成部分,我们在具有"白茶故里"之称的畲村福鼎市太姥山镇方家山村举办"首届闽东畲族茶文化研讨会",目的是通过挖掘白茶故里文化底蕴,展示具有地方特色的畲族茶文化,促进境内白茶文化与畲族文化融合,推进方家山扶贫攻坚进程,加快乡村振兴步伐,进一步提升方家山生态白茶基地的知名度和美誉度,更好地打造生态白茶旅游休闲基地。

福鼎畲族传统制茶技艺非物质文化表现的基本形态

冯文喜

一、福鼎畲族迁徙及方家山畲族情况

据《福鼎畲族志》载，畲族从广东潮州凤凰山而来，进入福建，然后一路继续往浙南方向迁徙。明洪武二十八年（1395年），畲族雷肇松一家从罗源进发迁入白琳，是入福鼎最早的一支。明永乐二年（1404年），钟舍子由建宁右卫迁入店下西岐屯种，李万十三郎于明正德八年（1513年）由霞浦迁入白岩。之后的嘉靖、隆庆、万历、崇祯各个时期，都有畲族民众从罗源、福安、平阳迁入，分散在福鼎沿海定居生活。而福鼎沿海优越的自然地理条件，可提供充足的生活物质资源。清代"康乾盛世"也是畲族迁入福鼎的高峰期，从康熙七年（1668年）始，至乾隆五十四年（1789年），有二十多支畲族又迁入白琳、前岐、店下、桐山的沿海地带。畲族耕山牧水，在五六百年时间里，保留了本民族的文化性格，也烙上了沿海山区生活的习俗印痕，具有鲜明的地域特征。概而言之，畲族沿海迁徙路径大体是：广东——福建——福宁——福鼎，吻合志书记载的"福鼎多山，港湾、岛屿遍布沿海。福鼎畲族多散居于境内沿海、高丘和山区一带"。至清光绪三十二年（1906年），福鼎畲族人口约一万二千户，四万九千人，清末主要畲族聚落有浮柳、麻坑底、车头山、才堡、梧埕、后樟、华阳、王家洋、焦宕。现在畲族村共有26个，方家山村是其中一个。

方家山村位于太姥山西南麓，海拔518米。下辖孔兰、后门垅、横坑等13个自然村。1990年底统计全村211户689人，其中畲族 79 户，346 人。全村现有 226 户 847 人，集居于外洋中心村，畲族人口占比达 52% 以上，有钟、蓝、雷、李畲族，传承"三月三"歌会民俗，于 2013 年列入宁德市第四批非物质文化遗产项目代表性名录，2014 年列入闽东畲族文化生态保护区示范点。方家山畲族历史脉络源流主要有：颍川郡钟姓，有明远公居住于白琳牛埕下村，历三代至启华公，于乾隆年间迁居方家山下楼（即今田楼）孔兰等村落。据蓝姓家谱的"泰顺大洋坑世系图"分析，第六世之祖应亮公于康熙四十七年（1708 年）迁居泰顺，后裔又迁徙至福宁府后溪。康熙五十年（1711 年）蓝士肇由浙江平阳牛皮岭迁福鼎方家山外洋。传第十二世永昂，字星垣（1878—1961 年），于光绪三十四年（1908 年）由九顶迁居方家山的三罗洋。雷氏始祖肇松于明洪武二十八年（1395 年）由罗源北岭迁福鼎，后裔迁居方家山。李姓畲族于元至正二十三年（1353 年）由福州汤岭迁霞浦四都雁落洋，后裔迁到方家山桥头。其宗谱载，鸣贯公第九世次子承佳（1823—1905 年），居孔岚横坑，为迁居之祖。

二、福鼎畲族制茶文化历史源流

按古代区划隶属关系，福鼎隶属福州、长溪，因此，陆羽《茶经》载"岭南生福州、建州、韶州、象州。福州生闽县方山之阴。……往往得之，其味极佳"，《新唐书·地理志》载"福州贡蜡面茶，盖建茶未盛之前也。今古田、长溪近建宁界，亦能采造"，《三山志·货物》载"今古田、长溪近建宁界，亦能采造"，说明了福鼎茶史也隶属福州、长溪而上溯到唐宋。明《福宁州志》有"福宁郡治茶俱有"的记载。明代谢肇淛（1567—1624 年）的《太姥山志》载："太姥洋在太姥山下，西接长蛇岭，居民数十家，皆以种茶樵苏为生。白箬庵……前后百亩皆茶园。"谢肇淛在《太姥山记》中说，万历己酉年（即万历三十七年，1609 年）二月间，过湖坪时，目睹"畲人纵火焚山，西风急甚，竹木进爆如霹雳，……下山回望，十里为灰矣"，他还写有《游太姥道中作》中"溪女卖花当午道，畲人烧草过春分"的诗句。这烧火开荒就是畲族耕种劳作的一种方式，草木灰有利于农作物的生长。谢肇淛在《五杂俎·人部》中还记载："吾闽山中有一种畲人，……畲人相传盘瓠种也，有钟、雷、蓝等五姓，不巾不履，自相匹配。"《长溪琐语》载："环长溪百里，诸山皆产茗。"清代秦屿人邱古园《太姥山指掌》记载："循磨石坑三里许至平岗。居民十余家，结茅为居，种园为业。园多茶，最上者太姥白，即《三山志》绿雪芽茶是也。"从以上记载可以看出，从明代初中期开始，太姥山周围即有畲族从事茶叶生产生活，清代到民国是兴盛时期。

三、畲族传统制茶技艺方法

明清至民国时期畲族的制茶方法，参考以下历史文献。许次纾（1549—1604年），字然明，明钱塘人。他的《茶疏》说到炒茶之原因是"生茶初摘，香气未透，必借火力以发其香"。并介绍炒茶的技法："先用文火焙软，次加武火催之。手加木指。急急钞转，以半熟为度。微俟香发，是其候矣。"谢肇淛在著作中提及太姥出产佳茗的盛况，当时长溪方圆百里之内家家出产茶叶。明代开始，制茶是"揉而焙之"，就是说开始出现烘焙法。以上两位都是明代茶论的专家，他们的文论介绍古老的炒茶、焙茶方法，是我们今天了解太姥山古代传统制茶方法的主要文献和途径。民国以后，畲族制茶方法在《闽东畲族志·茶叶加工》中有记载：历史上制茶大多用手炒、脚揉、火焙、日晒，称为原始的毛茶制作方式，用来加工绿茶、红茶、花茶、白茶、乌龙茶。在《福鼎畲族志》中有一段关于茶叶加工的记载："原始加工办法，一般是脚搓手捻，费时费力。解放后，茶农普遍使用手推揉茶机。七十年代，采用动力、电力配套机械加工。1990年，畲村共创办茶叶初制厂50家，年加工量400吨。"这里提到畲族制茶的三个转型阶段，一是民国时期的"脚搓手捻"，就是传统手工制茶法；二是 1949 年以后使用"手推揉茶机",也就是用上了手工操作的揉捻机制茶;三是 20 世纪 70 年代使用的"动力、电力配套机械加工"。1958 年《福鼎县畲族调查报告》"改进茶叶生产技术"一节中指出,茶叶是畲族人民经济重要收入之一,一年分四次采收,早春、次春、三春、四春。后来使用的制茶机器叫做茶机,亦称油碾机,制茶技术主要在于焙茶。当时牛埕下畲族雷成回、钟细妹均是制茶能手,被请到城关、茶组介绍、传授制茶技术,推动茶叶生产质量提高。

福鼎历史茶类演变发展至今,有红、白、绿、黄、青和花茶六大类,传统畲族红茶、白茶手工制作工艺是珍贵的非物质文化遗产。这里简要介绍红茶、白茶的传统制作工艺。一是红茶初制。红茶特色表现为:叶色泽润,内质毫香鲜爽,滋味醇和,汤色红亮,叶底红明。鲜叶加工分萎凋、揉捻、解块、发酵、烘干五道工序环节。萎凋器使用农村的竹笾和谷簟,方法有室外日光萎凋、室内自然萎凋和复式萎凋三种。揉捻是塑造优美的外形和形成内质的重要工序,以前使用木盆等器具,方法采用脚揉手捻,1953年开始采用"五三式"揉捻机。解块筛分方法是,解块用手抖,抖散茶包团块,散发受压热量,降低叶温,筛分条型大小,分别揉紧条索,便于发酵均匀。发酵是工夫红茶品质形成的关键工序,促进内质绿叶变红,形成红茶特有的香、色、味,有"冷发酵,炭火烘焙"的技术措施,揉捻后放入发酵器具(竹篾篮)内,上盖湿布,让其冷发酵。干燥(烘焙)是红茶初制最后一道工序,一般分两次进行。第一次称毛火,谓之"走水";第二次称足火,谓之"促香"。二是白毫银针初制,简称银针工艺,始产于清嘉庆元年(1796 年),其成品茶茶芽肥壮,满披茸毫,色泽洁白如银,条长挺直如针,汤色清澈晶亮,呈浅杏黄色,毫香显露,甘醇清鲜。制作时选用福鼎大白茶、福鼎大毫茶春季茶芽为原料,剥离出茶芽(俗称"剥针"),仅以肥壮芽供制银针。茶芽均匀薄摊在水筛上,置通风处或微弱日光下晒,待晒至八九成干时,再用焙笼以 30℃～40℃文火慢焙至足干，即成毛针。另一种工艺是先晒后剥，晒至八九成干时移入室内，用手剥去真叶和鱼叶（俗称"抽针"），然后再用文火焙至足干。焙干后的毛针经过筛、摘梗、剔除杂质、匀堆、焙干等环节，即成精品。

四、结论

一是畲族制茶历史。畲族茶文化与迁徙时间密切相关，畲族最早在明洪武年间（1368—1398 年）迁入福鼎，在境内开荒耕种，包括从事茶叶生产活动。方家山村畲族钟氏启华公于乾隆年间（1736—1795 年）迁居方家山下楼（即今田楼）孔兰等村。福鼎畲族茶文化从明清时期开始，明中后期出现畲茶文化、僧人茶文化相结合现象。因此，畲族茶文化历史，从广义上说，最早可追溯于明初期，始于洪武（1368—1398 年）年间。从狭义上说，方家山畲族茶文化则始于清乾隆时期（1736—1795 年）。

二是畲族制茶方法。当时制茶方法是焙茶，按谢肇淛介绍的是"揉而焙之"，按许次纾的《茶疏》介绍的炒茶技法，先用文火焙软，次加武火催之，然后用手加木指急急炒转，炒到茶半熟，闻到茶香散发即可。畲族传统制茶方法是"脚搓手捻"，显然与上述两位专家介绍的传统制茶方法一脉相承。而后使用"手推揉茶机""动力、电力配套机械加工"，是对传统制茶方法的进一步发展。到了清代后期，制法趋于成熟，出现一定的规程，按福鼎茶叶初制程序，红茶工序为：鲜叶—萎凋—揉捻—解块筛分—发酵—毛火烘干—摊凉—足火；白茶银针工序为：鲜叶—日光萎凋—拣剔—烘干。

三是畲族茶产业价值。畲族茶叶是地方特色产业，代表地域风格的畲族茶文化，在产业发展中得到一定的保护和利用。畲族传统制茶工艺是一项重要的手工技能，是非物质文化遗产，2011年，福鼎白茶制作技艺列入第三批国家级非物质文化遗产保护名录，2018 年，浮柳畲族红茶制作技艺列入福鼎市第四批非物质文化遗产保护名录。2019 年，张元记红茶传统制作技艺列入第六批省级非物质文化遗产名录，还有多家产制红茶、白茶的茶企保护传承传统制茶工艺，并将传统制茶技艺申报为非物质文化遗产。现有白茶制作技艺非遗项目保护单位 1 家，扩展保护单位 2 家，白茶制作技艺项目代表性传承人共 18 人。当下，壮大畲族茶产业发展，进一步实现茶文化产业化，对于带动茶农增产增收、振兴畲族乡村具有重要价值和意义。

关于打造"世界白茶小镇"丰富太姥山旅游资源的建议
方守龙

福鼎市委市政府近年来大力宣传推介福鼎白茶,白茶知名度不断提高。"世界白茶在中国,中国白茶在福鼎"已被大家普遍认可。2013 年太姥山荣膺国家 5A 级风景区,同时又是世界地质公园。优美的风景,便利的交通,吸引无数的海内外游客。如何引进欧洲小镇文化,把福鼎白茶文化和太姥山的旅游相结合,打造海西旅游新亮点,推动白茶产业升级转型,丰富我市旅游资源,提升太姥山旅游文化内涵和品位,延长太姥山旅游线路,同时也为美丽乡村建设做贡献,我建议如下:

一、结合太姥山旅游总体规划,在太姥山镇方家山村和二坝头水库周边规划建设"世界白茶小镇"。该区位于太姥山岳主景区停车场往九鲤溪景区方向约 5 公里处,交通方便,山势平衡,又有二坝头水库和中国白茶山,依山傍水,空气清新,周边山峦如诗如画,自然条件十分优越,适合建设休闲度假胜地,打造成为太姥山旅游的新景点,游客休闲度假中心。

二、规划中的"世界白茶小镇"导入欧洲小镇文化概念,结合太姥山文化,充分挖掘福鼎白茶文化内涵,如太姥娘娘用白茶治病救人的传说(太姥娘娘传说);宋代朱熹、王十朋等人到太姥山饮茶的传说(牛熹饮茶);明朝谢肇淛、崔世召等文化名人游太姥山煮茗饮茶吟诗作赋(明朝传说);太姥山寺院和尚制茶饮茶,禅茶一味(清代绿雪芽);展示白茶最古老制作技艺向现代产业演变的历程。让游客在欣赏茶艺表演、走进白茶故里、精心觅茶香、点茶赛茶、吃茶食茶糕等活动中了解福鼎民间茶俗,感受源远流长、博大精深的太姥山白茶文化。使"世界白茶小镇"成为太姥山享受白茶文明的走廊。

三、把"世界白茶小镇"建设成环境优美的度假与世界白茶论坛中心和太姥山旅游的第二站，有完善的度假村设施，建长廊、亭子、林间小道。让游客游览完太姥山后到"世界白茶小镇"住下来，休闲度假，过慢茶道生活，闻茶香，观青山绿树，悟茶道茶德；同时享受清新的空气，清澈的泉水，品畲家美食，听风声鸟鸣，感受"世界白茶小镇"一年四季的生机盎然与活力无限。

四、"世界白茶小镇"规划畲族白茶文化生态园，把畲族文化与白茶文化旅游相结合。方家山是畲族同胞集聚地，百姓有欢度"三月三"的习俗。建畲族文化生态园既宣传保护畲族传统文化，又可成为独特的旅游项目。畲族风情表演，畲族山歌对唱，畲族民乐演奏，畲家传统美食，再建设富有特色的畲族"草寮"供游客参观居住。

五、市委市政府要高度重视这个项目的运作，因为它将来可以成为太姥山旅游的副中心，丰富太姥山旅游资源，延长游客在太姥山的旅游时间。同时，提高福鼎白茶知名度，助推白茶产业升级转型，带动农村第三产业的发展。福鼎市旅游管委会要对项目的实施进行宏观规划指导，将其纳入太姥山旅游建设总体规划之中，支持和帮助项目落地并尽快实施。

六、成立"世界白茶小镇"开发建设领导小组，指导已对"世界白茶小镇"建设项目开展前期规划设计的对接单位规范运作，包括资金的筹措和规划设计。相信不久的将来，"世界白茶小镇"将成为福鼎旅游的新品牌新热点，也将成为集福鼎白茶研究、品赏、体验等功能于一身的旅游综合体。

福鼎畲族饮茶风俗的特点及其形成的探源

雷顺号

茶的起源在中国，数千年来，无论时代如何更迭、社会怎样变迁，它始终伴随并滋养着人们。

饮茶早已成为福鼎畲族人民生活中必不可少的内容，它既是福鼎畲族人民生活习俗、心理态势、文化传承和历史积淀的一个侧面的反映，又是探索福鼎历史人文的一个窗口。饮茶作为一种文化现象走进千家万户，同时它又必然地成为一种文化现象走出家门而进入社会，因此，研究福鼎畲族饮茶风俗的特点及其形成的原因，对探索福鼎茶文化的发展是很有价值的课题。

一、福鼎畲族茶俗的特点

福鼎畲族饮茶，就其风俗来说，既有粗犷的一面，又有精细的一面。所谓粗犷，即以大碗茶为主，主要体现在日常劳动中，以大陶罐冲茶，大碗饮喝，充分发挥茶的解渴功能；所谓精细，即入庭待友或喜庆佳期，必用小瓷杯冲茶，并总是现烧水现冲泡，使茶叶沉底，避免客人有"无意冲茶半浮沉"之嫌。就饮茶的爱好而言，福鼎畲族既有清饮雅爽的喜好，又有茶食相融的习俗，前者如普遍喜喝白毫银针白茶和白琳工夫红茶等鲜灵明亮的茶叶，以享淡雅之灵趣；后者如集茶叶与食品佐料于一杯，得浓郁清长之美味。就茶之价值而言，既有健康、药用的使用价值，又有心态精神等方面的欣赏价值，在福鼎畲族，茶的社会功能及心理效应，往往超过茶本身的作用，人们敬茶敬到了将之神化的地步。如果按类型区分，茶俗大体上有以下几种：

（一）象征型

把茶作为祝福、吉祥、温馨的一种愿望寄托。

福鼎畲族有一句茶谚："年头三盅茶，官府药材无交家。"意即如果年头请你喝了三杯茶，那么这一年你都不会因祸而与衙门打官司，也不会因病和药店打交道了。这种对友人美好善良的祝愿是通过饮茶活动来完成的。象征型的饮茶最突出的莫过于福鼎畲族"糖茶"。"糖"者甜也，甜甜蜜蜜，吉祥如意。故每遇重大民间节日或结婚、祝寿等喜庆日子，必以糖茶相待：春节叫"做年茶"，结婚叫"新娘茶"，初一出门叫"出行茶"……都为了讨个吉利，表示祝愿之意。糖茶是由冰糖、蜜枣（红枣）、冬瓜糖、花生仁和少许茶叶冲泡而成，每杯放一把银匙以备搅拌，不但冲制讲究色香味，而且双手捧敬，神情庄重，充分体现主人敬茶如敬心的意愿。

（二）生活型

一日三餐不可无茶。福鼎畲族人将茶叶列为开门七件事之首，把茶看得比粮食还重要，留客就餐，先茶后饭，很少有不喝茶先上桌的，故广泛流传"茶哥米弟"之说。福鼎畲族把饮茶叫作"食茶"，食者吃也，何以叫吃茶呢？这并非读音之差，它除了历史上确有饮茶连叶吃的记载外，更主要的是反映了福鼎人已把"吃茶"和"吃饭"并列，突出"民以食为天"的"食"字，一日三餐不可无之。由此可见茶在福鼎畲族群众的生活中是何等的深入和普及。

（三）礼仪型

敬茶作为款亲待友的一种礼仪载体，在人类生活中是共用的，只是各地表现不同而已。福鼎畲族有两种饮茶风俗说明礼性更加强烈。

其一是"茶泡"，又谓"手信"或"伴手"，即作客时送给亲朋好友的糖果糕点之类的见面礼。有一首民谣道："行中秋，旅中秋，脚布乌溜溜，出门三下搦，'茶泡'拿收，收来收来做中秋。"

说的是畲族古代妇女在中秋节晚上观灯路遇亲戚行敛衽礼而收了许多见面礼的情景。既然送受的都是糖果糕点，并没有茶叶，为什么称它为"茶泡"呢？原来它的本意是临时泡茶来不及，权且以糕点代茶，自己带回去边泡茶边吃糕点吧，故称"茶泡"。由此可见茶在福鼎畲族人的眼中最具敬意，即使不是茶叶的礼品也要冠以"茶"字。

其二是"下茶"礼，即把茶作为订婚信物来看待。如果你是未婚少女，没有父母领着到亲朋家做客，什么东西都可以吃，就是茶不能轻易喝，喝了就意味着同意作为这家的媳妇。这种古礼，随着历史的变迁而得以延续，说明茶的礼仪性在福鼎畲族不仅有其历史渊源，而且是根深蒂固的。

（四）艺术型

饮茶艺术化，把茶作为一种余兴来欣赏，这在福鼎畲族中有上乘的表现。福鼎佳阳畲族乡、硖门畲族乡和前岐镇、太姥山镇、磻溪镇、白琳镇一带的畲旗村庄在新娘过门之前，亲家嫂要向前来接亲的亲家伯敬"宝塔茶"，她们像耍杂技一样，将五大碗茶叠成三层——一碗作底，中间三碗，顶上再压一碗。饮茶时，亲家伯要用牙咬住"宝塔"顶端的一碗茶，随手夹住中间的三碗，连同底层一碗分别送给四位轿夫，他自己当众一口饮干咬着的那碗热茶。要是茶水一滴不溅，显示功夫到家，便招满堂喝彩；茶水溅了或碗倒了，就会遭亲家嫂们的奚落。人们通过饮茶活动来增添生活的乐趣，达到一种心理上的满足。

（五）祈福型

在福鼎畲族古老的祭祀仪式中，常有茶的位置，而且赋予其神秘的色彩。例如"龙籽袋"，由地师先生在棺木进穴时将茶叶、麦、豆、谷子、芝麻以及竹钉、钱币等撒下红毡，亡人家属收集于袋内，挂楼仓长久保存，以求日后添丁发财五谷丰登；畲族还有病逝带茶归的风俗，老人去世，举行告别仪式时，有意让逝者右手执一茶枝，以供其归阴开路，说是茶枝一拂，能使黑暗变成光明。这些古俗反映了人们重茶如神，以茶为象征，寄托了生者对死者的哀思和祈祷。

（六）药用型

茶叶有益于健康的价值，非自今日始知。福鼎畲族有一句茶谚"天亮一碗茶，药店无交家"，说明群众早已通晓早晨起床喝茶的好处。奇特的是福鼎畲族人把茶的药用功能发展成五花八门的饮用妙法并且从中发挥各自的特性，如"柚子茶""橄榄茶""冰糖茶""姜汤茶""七宝茶""安神茶""鸡蛋茶"……从治外伤消毒到预防四时感冒伤风，从治疗痢疾、肠胃病到平肝壮肾、安神压惊等，真可谓应了当年"神农尝百草，日遇七十二毒，得茶而解之"的传说，达到了执迷笃信的程度。

综上所述，我们得知福鼎畲族茶俗（主要是饮俗）的特点是：雅俗兼有，粗细相间，畲汉交融，各呈异彩。

二、福鼎畲族茶俗的形成

和其他任何风俗的形成一样，丰富多彩的福鼎畲族茶俗自有它形成和发展的过程，形成并非偶然的，有历史原因，也有环境影响，还有心理因素等，究其原因，我们认为有以下几点：

（一）悠久种茶历史的熏陶

福鼎自唐代就开始种植茶叶，而且已有饮茶的习俗存在。1987年在福鼎店下镇样中村马栏山中发现瓷片、瓷器、茶杯残片，经专家鉴定是新石器时代石器作坊遗物，有力地说明了福鼎不但种茶历史悠久，饮茶风俗也是久远的。到了北宋时期，长溪（福鼎）已成为宋代产茶的242个县之一，西安"蓝田四吕"古墓考古发现的白茶茶芽就是产自太姥山。以后经元、明、清各代，茶业更加兴旺，至清咸丰、同治年间"白毫银针"问世，芳名远播欧美诸国，为福鼎茶史增添一页光彩照人的篇章。新中国成立后，福鼎更加致力于茶叶的恢复和发展，使福鼎茶叶经久不衰青春永驻，各类名茶竞相争荣，福鼎大白茶、福鼎大毫茶等国家级茶树良种一个接一个地培育推出，福鼎成为全国茶业生产基地之一。

从"白琳工夫"红茶到"白毫银针"白茶的诞生，从当年白琳三十六家茶行到如今精制厂遍布全市各乡镇，历经数代人的创造，这片绿色的土地必然会熏陶出绿色的饮俗。这种感染力至少可以从以下几个方面看出：

（1）福鼎的许多畲民家家户户都有自制茶叶的技艺，一到清明季节男女忙碌，户户采茶制茶，而后藏于小圆口的茶箱内供一年使用，这种自给自足的自然经济，养成了常年喝自产茶的习惯，一泡就是一大碗，喝个痛快，故大碗茶就这样应运而生。

（2）在诸如款亲敬友、馈赠礼品、婚丧喜庆、古葬风俗、治病药方等生活和民俗的领域中，茶占有举足轻重的位置，有的甚至被超作用地夸大了，而进入心理效应的范畴。

（3）从现有挖掘的畲族民歌茶谣，可明显地看出盛极一时的畲族"畲泡茶""粗茶婆"对农村经济和人们生活面的影响。请看这段歌谣："三月拣茶三月三，身穿蓝裤漂白衫。天亮起床吃快饭，去到茶馆拣茶干。白茶又嫩福州卖，姑娘又嫩后生贪。"又如："十月拣茶秋风凉，拣茶阿妹穿洋裙。也拣黄道好日子，去送茶客上大船。船在水面飘飘去，不知何日再相逢？"在这里我们仿佛隐隐约约看到福鼎畲族姑娘已不再是那种"足不出户"的村闺了，她们敢于打破封建礼教的羁绊和福州茶客传情说爱。"千里姻缘茶为媒"，正是历史上的茶业首先为福鼎打开对外贸易的门户；饮俗之兴，亦功在茶史。

（二）畲汉两族文化交融的影响

福鼎有畲族同胞 3 万多人，是全国畲族主要聚居县市之一。在历史的长河中，畲汉两族共存共荣，休戚与共，取长补短，在生活习俗等方面除保留自己的特色外，兼有交融影响之处。

由于历史上的原因，畲族同胞多世居偏僻山区，常年生活在云雾环绕的高山之上，而这种自然环境正适宜茶树生长。因此世居山区的福鼎畲民便和茶叶产生了天然的联系，有些茶树良种便是畲族发现和提供的。例如尧舜时期蓝姑以茶治病救人传说中的大白茶，就是产于畲族乡村——太姥山山区。据厦门大学人类学教授张先清考证，蓝姑极有可能就是闽东北畲族先祖。位于太姥山鸿雪洞的大白茶古树"绿雪芽"，树高达两丈多，要用梯子才能采摘，每年不到清明就有嫩叶爆春，叶色青翠，乌润有光。1956年在全国繁育推广，1984年后被列为全国的推广良种"华茶1号"。这是畲族同胞对茶文化的一大贡献。

畲村闭塞，长期缺医少药，使他们不得不到植物中去寻求不花钱的医生，是故，畲民对茶的药用价值认识比汉族更加深刻，饮用妙法也更加广泛，如用茶泡姜，以治痢疾；用茶泡糖，以和肠胃；用茶拌鸡蛋煎炖，以平肝壮肾……此外还以茶防感冒，以茶消毒，以茶压惊等，堪称"茶治百病"。据说用茶和大米嚼烂拌醋涂抹以治虫毒感染的偏方，也是畲民传给汉族的。

当然，随着时代的进步，特别是新中国成立后政府对少数民族的密切关怀，畲族的生活方式也接受了许多时代的进步点，和汉族地区一样在饮俗上也起了一定变化，已由粗放型逐渐转向精细型，由茶的解渴阶段开始进入品茗阶段，应该说这是文化交融的一个可喜收获。

（三）历史上文人商贾的引播

茶俗的形成和茶叶的传播有直接的关系。福鼎本来都是喝白茶的，以清爽淡雅为乐，为何会冒出"白琳工夫"这株奇葩从而引起许多人喝以浓郁醇香见长的红茶呢？这和商人的引播是分不开的。美国人威廉·乌克斯的《茶叶全书》记载，"白琳茶条子紧而细小，优等茶多带有白色芽尖，是中国红茶中外形最好的。茶汤鲜明而芳香，但缺少浓味……""白毫茶……在形式上，乍看好像一堆白毫芽头，几乎全为白色，而且非常轻软，汤水淡薄，无特殊味道，也无香气，只是形状非常好看，中国人对这种茶常出高价购买……"。这里所说的白琳茶、白毫银针指的就是白琳工夫红茶、福鼎白毫银针白茶。

墨客文人也是引播茶俗的一个重要渠道，特别是诗词歌赋作为茶文化的外延，对饮俗的形成也起到推波助澜的催化作用。福鼎古代文人亦有遗篇颂茶誉水，明陈仲溱《游太姥山记》中说道："竹间见危峰枕摩霄之下者，为石龙，亦名叠石庵。缁徒颇繁，然皆养蜂卖茶。虽戒律非宜，而僧贫，亦藉以聚重。"连僧人寺庵都靠"养蜂卖茶"来"藉以聚重"，从中可以看出，至少在明朝，茶叶已是太姥山民经济生活非常重要的一部分。再读明谢肇淛"采茶人去猿初下，乞食僧归鹤未醒"（《玉湖庵感怀》）、"借问僧何处，采茶犹未还"（《天源庵》）和"野猿竞采初春果，稚子能收未雨茶"（《太姥山中作》），以及明周千秋"几处茶园分别墅，数家茅屋自成春"（《游太姥山道中作》）等诗句，我们读出了：在时光深处，茶渗透了世相僧俗男女老少的日常生活。明林祖恕《游太姥山记》说："因箕坐溪畔，取竹炉汲水，烹太姥茗啜之。"清谢金銮《漱玉洞记》也记载："复返，从渠中取水出，洗鼎烹泉，坐石静听。须臾，日色过午，茗已再熟。……行童仍烧叶煮茗。"还有清王孙恭《游太姥山记》中说："入七星洞，则容成丹井在焉。泉从岩罅涔涔滴井，如掬之，游人每挹此，烹'绿雪芽'。"再有明林爱民《梦游太姥》中的诗句"一僧辟谷可旬日，煮茗只向石底开"以及林祖恕《天源庵访碧山上人诗》中"竹间风吹煮茗香，户外柑橙枫柏赤"。"烹""煮"为古人的饮茶方式，读了以上诗文，我们可以想象：峰石如画，竹木成荫，溪渠鸣咽，山风徐来，对坐煮茶，真可谓太姥神仙矣！据《中国名茶志》考证，明代太姥绿雪芽就被视为茶中珍品。清郭柏苍《闽产录异》记载："福宁府茶区有太姥绿雪芽。"清吴振臣《闽游偶记》亦说："太姥山亦产，名绿雪芽者最佳。"清周亮工《闽小记》说："绿雪芽，太姥山茶名。"民国卓剑舟先生在《太姥山全志·方物》中引用了周亮工的这句话后进行进一步阐释："绿雪芽，今呼为白毫，香色俱绝，而尤以鸿雪洞产者为最。性寒凉，功同犀角，为麻疹圣药。运售外国，价同金埒。"毫无疑问，这些诗歌的传颂自然会在人们心中激起对茶的热爱，对水的向往，从而得到一种精神上的升华。

和全国其他许多地区一样，福鼎畲族茶俗有它的共性，也有它的特性。当然，畲族茶俗离不开福鼎白茶独特的生长环境、制作工艺和品饮方式，也离不开人文的渲染。在茶文化的百花园中，她是一朵蓓蕾初绽的小花，虽然幼嫩，但根深叶茂，基础很好，我们相信，在国内外广大茶文化工作者的精心关怀培育下，她一定会怒放，为人类的健康发展做出应有的贡献。